U0155862

统治宇宙的24个公式

宇宙の秘密を解き明かす24のスゴい数式

［日］高水裕一（たかみずゆういち）著

青年天文教师连线 译

江苏凤凰科学技术出版社 · 南京

Original Japanese title: UCHU NO HIMITSU WO TOKIAKASU 24 NO SUGOI
SUSHIKI

© 2022 Yuichi Takamizu

Original Japanese edition published by Gentosha Inc.

Simplified Chinese translation rights arranged with Gentosha Inc. through The English
Agency (Japan) Ltd. and CA-LINK International LLC

江苏省版权局著作权合同登记 图字：10-2023-335 号

图书在版编目（CIP）数据

统治宇宙的 24 个公式 /（日）高水裕一著 ; 青年天
文教师连线译 .— 南京 : 江苏凤凰科学技术出版社，
2024.5（2024.10 重印）

ISBN 978-7-5713-4053-7

Ⅰ . ①统… Ⅱ . ①高… ②青… Ⅲ . ①数学公式－普
及读物 Ⅳ . ① O1-49

中国国家版本馆 CIP 数据核字 (2023) 第 255313 号

统治宇宙的 24 个公式

著　　　者	［日］高水裕一（たかみずゆういち）
译　　　者	青年天文教师连线
责 任 编 辑	沙玲玲　杨嘉庚
助 理 编 辑	夏雨人
责 任 设 计	蒋佳佳
责 任 校 对	仲　敏
责 任 监 制	刘文洋

出 版 发 行	江苏凤凰科学技术出版社
出版社地址	南京市湖南路 1 号 A 楼，邮编：210009
出版社网址	http://www.pspress.cn
印　　　刷	南京新世纪联盟印务有限公司

开　　　本	889 mm × 1 194 mm　1/32
印　　　张	7.125
字　　　数	250 000
版　　　次	2024 年 5 月第 1 版
印　　　次	2024 年 10 月第 2 次印刷

标 准 书 号	ISBN 978-7-5713-4053-7
定　　　价	49.80 元（精）

图书如有印装质量问题，可随时向我社印务部调换。

目 录

序章

通过公式感知宇宙

听到"公式"这个词，大家会想到什么？

是学生时代烦人的试题，还是一串不明所以的字符？如果公式在你心目中是这种负面形象，那么本书一定会让你走进一个全新的世界。

本书精选了 24 个物理学和数学中的重要公式，力求通过介绍它们，让你领略到它们背后那个大到可见宇宙 ①、小到微观粒子的宏伟世界观。

公式到底厉害在哪里？

它们的精妙之处，在于简洁的外观和深奥的内涵。本书中介绍的爱因斯坦方程就是一个典型的例子，这个公式主导着宇宙万物，短短一行字符就囊括了黑洞、引力波乃至整个宇宙中的各种现象。公式就像一个负责讲述古老传说的氏族，向我们传述无数丰富的信息。第二章中，德布罗意仅用三个字母就道出了大自然的真相。第三章中，麦克斯韦将前

---

① 天文学家把人类已经观测到的有限宇宙叫作可见宇宙或已知宇宙。

人提出的定律归纳为一个方程组，在描述光的性质的同时，向我们揭示了电和磁的运作原理。

假设某天晚上你坐在一家咖啡店里，身边有个人试图向你搭讪。你本以为他只会扯几句无聊的闲话，没想到他却在餐巾上唰唰唰地写了几行公式，写完后对你说：

"现在，你知道宇宙的样子了吧？"

这句出人意料的话，会不会引起你的好奇心呢？虽然不知道这种搭讪技巧是否实用，但在我个人看来，能唰唰唰地写出公式并就其侃侃而谈，就已经很帅气了。

有时，公式所讲述的真相甚至会超出提出者的设想，成为真正的预言。举例来说，爱因斯坦提出的公式里就有一个当时还寓意不明的宇宙学常数。而现在我们知道，这个常数代表着占据宇宙能量密度约 68% 的暗能量。

第一章的公式可以让大家或多或少地增加一些对宇宙的了解。

第二章的公式探讨的是原子级别的微观世界，我会从一个不同于日常生活的视角——量子力学领域出发，对这些公式的含义进行介绍，希望能让大家感受到那个世界的魅力。

第三章的公式将会带你进入"光的世界"。

希望以上这 20 个公式能让大家熟悉宇宙万物，亲身感受天体、基本粒子和"光眼中的世界"是什么样子。在第四章番外篇中，我还补充了几个物理学和数学领域的重要公式，并在最后对全部 24 个公式进行了总结。

除了对每个公式的读法和含义进行讲解，我还介绍了它们的诞生秘史和日常应用。大家也可以跳过公式的读法和含义，直接从这一部分开始看起，感受公式世界的魅力。

诞生秘史中包含了很多充满生活气息的趣闻逸事，其中凝聚着唯有研究者才能感受到的趣味。此外，公式与日常生活之间的联系也是本书涵盖的内容之一。

在我们生活里常用的导航和通信设备中，公式发挥了什么样的作用？在了解了这些以后，大家应该会感觉公式更亲切了一些。当然，这仅仅只是公式的应用，我更希望大家能够通过阅读本书，更加深入地了解公式背后那宏大的世界观。

人类的先驱们倾尽一生、世代相继，对自然界中的现象进行归纳总结，最后获得的伟大结晶就是公式。

有人认为，如果不懂一个公式的真正含义，就算把它吹嘘得再"帅气"也无济于事。我非常理解这种看法，但事实上，有时为了解释一个公式的含义，需要的纸量可能相当于一整本书。因此在本书中，我决定把对公式含义的说明极力精简，同时让更多的公式呈现在读者面前，从多个角度去展示理论背后的世界观。

我刚才形容公式时用到了"帅气"这个词。本书想要做的，正是通过把公式"偶像化"来展现她们① 的魅力，把有望成为大明星的公式们召集到一起，作为一个偶像团体推广出去，而我则是偶像团体的经纪人。

希望你能找到自己一生推崇的公式，然后对着她大喊："哇，好厉害！好可爱！"创作本书的时候，我每日每夜都在绞尽脑汁地思考，该如何介绍每个公式所具有的独特魅力。因此，我相信本书一定能把公式偶像们的魅力展现给大家。

在每个公式的最后，我还附加了一句偶像送给"粉丝们"的话，作为对前文半开玩笑式的总结。如果你能细细品味最后这句话，那么你对公式的印象一定会更加深刻。

另外，如果你在阅读本书的同时，还能想象出一个站在舞台边上默默关注偶像们表演的偶像经纪人，我的心中将充满感激。

公式世界漫游指南

在此，我想先分享几个欣赏公式时的要点。这些要点对

---

① 本书作者在使用拟人的手法介绍公式时会使用"她"或"她们"来指代公式。

于我即将介绍的所有公式都是通用的。

要点 1：等号连接公式左右两边，用来表示平衡。

首先，几乎所有的公式都是等式，它们都包含一个等号。当然，也有一些公式仅用来表示定义，里面没有等号。不过在大部分情况下，公式都包含着"等号的左边与右边相平衡"的意思。总之，只要看到了等号，就说明这个公式左右两边达成了某种平衡。大家只需要这样理解就可以了。

要点 2：大部分公式描述的是物理量随时间的变化。

虽说并非所有公式都是如此，但大部分的公式都会涉及物理量的变化，尤其是某个量在下一时刻会如何变化。这种变化叫作物理量随时间的变化。

表达物理量随时间变化时用到的数学符号叫微分符号，等它出现的时候我还会再作说明。

要点 3：部分字母和符号是共通的。

大部分的公式里都有字母 t，它通常用来表示时间（time）。不过，这其实还得看研究领域是物理学还是数学。字母的含义会因为研究领域不同而变化，因此也不能一概而论。在本书中，我已经尽可能地把含义相同的符号进行了统一。

小写字母和大写字母的含义也会有所不同。比如，T 通常用来表示温度，而 t 则通常用来表示时间。此外，还有一些字母被用来表示特定的物理常数。

常用的物理量及表示符号

速度：v

加速度：a

即将频繁出现的物理常数（图 0-1）

万有引力常数：G

普朗克常数：h

光速：c

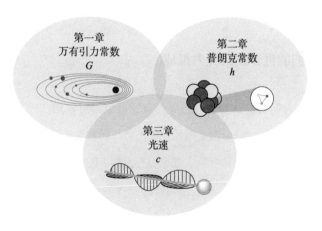

图 0-1　物理常数

要点 4：同一公式也会有不同的形式。

学过数学的朋友们都知道，我们可以把等式左边的某个项移动到右边去。这时，只需要把该项前方的加号改成减号就可以了。有时，我们还会把公式中的某个部分替换成其他的表达形式，或者去掉某个部分以求近似。

由于这些移动、替换和近似，很多时候同一个公式也会有截然不同的表达方式。因此，我无法保证本书中的公式都是以最普遍的形式出现的。不同的学者会使用不同形式的公式，这一点希望大家注意。

为了便于记忆，本书中的公式使用的都是最简洁的形式。

我们的世界由四种力组成

人们目前认为，自然界的森罗万象都可以用四种基本力来解释。它们分别是强相互作用力、弱相互作用力、电磁力和万有引力，其中除了万有引力，剩下的三种力都可以被概括为极其相似的形式。我将这三种力统称为"基本粒子力"，因为它们都是以基本粒子①为媒介传递的。

---

① 指人们认知的构成物质的最小单位。

　　强相互作用力通过胶子来传递，弱相互作用力通过 W 玻色子和 Z 玻色子来传递，电磁力则通过光子来传递。我们当然也可以假设万有引力是通过一种叫"引力子"的粒子传递的，但基于这个假设的引力理论目前还没有形成，这也是现代物理学面临的最大难题。

　　能够统一四种基本力的理论，就是所谓的终极理论——"万物理论"。超弦理论目前有望成为"万物理论"，不过它至今还没有被彻底论证。这项论证工作一旦完成，从某种意义上讲，人类对物理学的研究就已经登峰造极。有了"万物理论"，黑洞内部以及宇宙大爆炸伊始等现代物理学尚未触及的高能物理课题就有可能得到精确的理论指导。人们期待着那一天的到来。

　　当所有力共通的终极理论浮出水面，能预测世间万物一切现象的大统一公式就会应运而生。

　　我想在这里简单介绍一下四种基本力。

　　首先，强相互作用力发生在一种叫夸克的基本粒子之间。三个夸克凑在一起，就构成了原子核里的质子或中子。以氢原子为例，它有一个外围电子，中心处是一块比原子小一级的物质，也就是原子核。这个原子核其实是电荷量为 +1 的质子，它与电荷量为 -1 的外围电子保持着整个原子的电荷平衡。如果将这个质子继续分解，我们会得到三个夸克。

　　按照元素周期表的顺序，下一个出场的是氦原子。氦原子有两个外围电子，原子核的电荷量也变成了 +2。原子核的内部有两个质子和两个不带电荷的中子。如果将中子继续分解，我们会发现它也是由三个夸克构成的。

质子和中子的性质在某些方面极其相似，但也存在着细微的不同。虽说它们都是由三个夸克构成的，但构成它们的夸克种类却不一样，具体内容这里暂且不谈。总而言之，使这三个夸克凑在一起保持稳定的力，就是强相互作用力。

弱相互作用力发生在中子向质子转化的过程中。这个过程叫作中子衰变，又称 β 衰变，它是一个释放能量的过程。一个独立的中子会在 15 分钟内衰变成质子，同时释放出电子和中微子（准确来说是反电子中微子），这时释放出的电子射线又叫 β 射线。这个衰变过程中出现的力，就是弱相互作用力。虽然中子独立存在时很快就会衰变，但它却可以与质子共存。这时，强相互作用力、弱相互作用力和电磁力这三者和谐共处，所以氦原子核才能稳定地存在下去。

电磁力和万有引力可以说是与我们联系最紧密的力。电磁波的本质是交变的电场和磁场，所有与这两者相关的力都属于电磁力。而地球的引力属于万有引力，它也是物体会掉落的原因。

对应到本书的话，强相互作用力和弱相互作用力的介绍在第二章，电磁力的介绍在第三章中的电磁学部分，万有引力的介绍在第一章。

从基本粒子到整个宇宙

虽然算不上非常严谨，但我们可以根据尺度大小，对四种基本力进行一个大致的排序（图 0-2）。

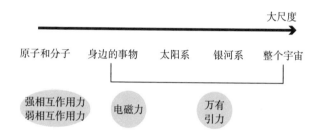

图 0-2　从不同尺度上看自然界的四种基本力

万有引力作用在所有的物质上，因此其存在范围极广。在研究万有引力时，爱因斯坦的引力理论和牛顿的引力理论有着不同的适用范围。对于地球附近的研究对象，我们一般使用牛顿的引力理论；而当研究范围超过银河系时，我们则需要使用爱因斯坦的引力理论。对于我们身边的事物来说，作用其上的力除了万有引力还有电磁力，很多日常生活中的现象都是通过这两种力的作用产生的。

当我们把研究对象的尺度继续缩小，从我们身体里的细胞，到组成细胞的分子，再到组成分子的原子。到了更小的尺度，量子力学中的强相互作用力和弱相互作用力就会变得更为重要。

夸克被认为是现有粒子中最小的粒子，因此从某种意义上讲，它的尺度意味着一种极限。总而言之，从原子和分子代表的微观尺度，到整个宇宙代表的宏观尺度，这其中所有的规律，都被囊括在了有关四种基本力的理论之中。

公式"家系图"

我用一张"家系图"（图 0-3）展示了第一至三章里代表性公式（以公式名称指代）之间的关系。字号较小的公式是与核心公式关系密切的"好伙伴"。

在"家系图"中，我展示了一个公式是如何通过融入其他要素转变为新公式的。所有的公式最终都殊途同归，回到了第二章开头的标准模型公式[①]。

---

① 原作者为了方便不熟悉公式的读者理解，将原标准模型公式作了修改，使之具有本书中的形式。本书中的标准模型公式仅具有示意的作用，不代表理论物理研究中真实使用的公式。

先来说说万有引力这一支。它从爱因斯坦方程出发，在弱引力等近似条件下可以简化为牛顿的引力方程（准确来说是泊松方程）。这一点我在前面已经作了说明。

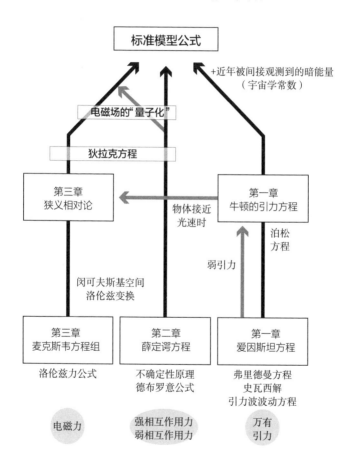

图 0-3　公式"家系图"

根据描述的时空不同，爱因斯坦方程也会改变形式。描述整个宇宙的形式叫弗里德曼方程，描述黑洞的形式叫史瓦西解，描述时空波动的形式叫引力波波动方程。此外，爱因斯坦的引力理论在应用于惯性系且速度接近光速的情况下，还会转变为狭义相对论。最后，宇宙学常数（详见第一章）被引入爱因斯坦方程中，使其能转变为标准模型公式的一部分。

我们再来看强相互作用力和弱相互作用力这一支。在德布罗意关系的基础上，薛定谔方程和不确定性原理敲开了量子力学的大门。薛定谔方程与相对论相结合后演化为狄拉克方程，最终通过研究者不断完善转变为标准模型公式的一部分。

最后我们来看电磁力这一支。首先，麦克斯韦建立起经典电磁学理论。其后，在狭义相对论的帮助下，麦克斯韦方程组得到了进一步发展。与此同时，爱因斯坦也受到麦克斯韦方程组的启发，以闵可夫斯基空间和洛伦兹变换为框架，建立了一套更加完善的理论体系。

经典电磁学经历了"相对论化"和第二章提到的"量子化"这两步进化，才达到了目前被广泛接受的理论状态。这也是为什么第二章的上方会多出来一个斜着的箭头。

这些公式之间的关系究竟意味着什么？把本书读过几遍以后，或许大家心中会有一个更明晰的答案。

第一章

宇宙的相关公式

如果说上帝创造并主导了我们的宇宙，那么公式就是"上帝的语言"，它们可以准确地将世间万物描述出来。

可是，人类无论多么富有智慧，可能都无法将这些公式归纳为一个"终极公式"。本书中即将出现的每一个公式，都有各自超群的能力来描述各种各样的自然现象，但这一个个单独的公式能够描述的，说到底也只是自然现象中的一小部分而已。科学家们探索着终极的真理，并尽可能将它们转化为人类语言的形式，最终得到的就是一个个来之不易的公式。

然而，这些公式并不是对自然现象的完美描述，而是对其中某一部分的简要概括。本章将为大家介绍两个关于引力的力学理论：牛顿的引力理论和爱因斯坦的引力理论。

这两个理论都对宇宙进行了描述，并且它们在各自适用的范围内都是完全正确的。但单凭一个理论，我们是无法描述这个世界上所有的力学现象的。如果说牛顿的引力理论多用于处理地球上一般的力学现象，那么爱因斯坦的引力理论则更适用于研究具有高密度、强引力的物质的力学现象，或者说是整个宇宙尺度下的力学现象。

　　如果存在可以描述所有自然现象的"终极公式"，我希望你能记住，这本书中出现的每一个公式都会是这个"终极公式"中的一块拼图。

　　在这里，我来试着从我个人的理解出发，简要地描述一下那些主宰着宇宙演化的公式偶像们。首先，这个偶像团体聚集了一群气质出众的优秀成员，她们有着精致的脸蛋和模特的身材。以爱因斯坦的理论为例，小到天体，大到星系和宇宙，都被其囊括在内。离开偶像团体后，艺人们一般会继续活跃在荧屏之上，比如参演电影，或者成为歌手，但是那些带有神秘感的偶像给人的感觉，才更符合这些充满魅力的宇宙学公式。

爱因斯坦的引力理论
超越银河系，横跨整个宇宙的宏大宇宙观

我们先来说说著名的爱因斯坦方程吧。这个支配着整个宇宙的公式是广义相对论的核心内容，也是爱因斯坦的引力理论的根基所在。

说到天才科学家，最先出现在大家脑海中的名字应该就是爱因斯坦吧。而爱因斯坦方程，则是爱因斯坦最具代表性的一个成果。

爱因斯坦的名字常被用作理论里的专有名词，比如爱因斯坦等效原理和爱因斯坦关系等。此外，元素周期表中有一个元素也是以他的名字命名的。尽管爱因斯坦为物理学做出了巨大贡献，但没有一个物理常数是以他的名字命名的。不过，与爱因斯坦有关的宇宙学常数一直流传至今，我们将在后面对它进行探讨。

1
揭开宇宙的神秘面纱
爱因斯坦方程

公式

$$G_{\mu\nu} = \frac{8\pi G}{c^4} T_{\mu\nu}$$

读法

$G\mu$（mu，谬）ν（nu，纽）等于c的四次方分之八π（pi，派）$GT\mu$（mu，谬）ν（nu，纽）。

来试着抄写一下吧

$$G_{\mu\nu} = \frac{8\pi G}{c^4} T_{\mu\nu}$$

"miù niù"的发音听起来像《宝可梦》里面的角色名称，可爱极啦！

搭建宇宙大舞台的公式

公式右边 $T_{\mu\nu}$ 里包含了与宇宙中物质能量大小相关的信息，它决定了公式左边 $G_{\mu\nu}$ 所代表的宇宙结构。在宇宙中，物质会因为位置和状态的不同而呈现出不同的形态——这便是爱因斯坦方程表达的内容。公式左右两边的量，就像天平两边的重物一样，相互维持着平衡。

物理常数 G 和 c 也被加到了这个天平两端，用于维持整体的平衡。这也反映了序章中"公式世界漫游指南"这一节里的要点 1，即公式左右两边是平衡的。如果物理常数的数值与现在相比稍有变化，我们的宇宙中维持着的平衡就会被打破。而当新的平衡重新形成时，我们的宇宙就会变成一个与现在完全不同的宇宙。

另外，像 $G_{\mu\nu}$ 这种表达形式的字符被称为张量，其中 $\mu\nu$ 的部分包含了时间"t"和空间"x、y、z"。这里的时间和三维空间被合称为时空，而张量则能进一步表明具体是一个什么样的时空。像 $G_{\mu\nu}$ 这样简单的符号，总共可以有 $4 \times 4 = 16$ 种不同的含义。每种含义都是一个元素，而它们合在一起用一个矩阵表示的时候，则是一个张量。

总而言之，这个表达式虽然看起来简单朴素，但它实际上却将整整 16 种不同的含义整合在了一起，感觉就像是，明明说是一个"简易说明书"，拿到手里后才发现它竟然附上了十几页的注释。如果你把这些元素单个取出来分析，就会发现爱因斯坦方程虽然表面上看起来很简单，内里却包含了很多内容，这也是人们很难求解爱因斯坦方程的原因。

解一个数学方程其实就是找到一个满足这个方程的答案。现在，除了某些简单的情况，我们大多数时候都是用计算机对爱因斯坦方程进行数值求解的。

爱因斯坦方程的解有好几种，有完全用数学公式表示的解析解，也有单纯用具体的数值表示的数值解。解析解的厉害之处在于，它可以快速计算出任何场景下相应解的数值。而数值解则需要进行大量的计算，因为只有在给出某种特定条件的情况下，才能计算得到相应的数值结果。不过即便如此，能够求得下一时刻方程的解的数值变化，往往也就足够了。

现在能够实现这样的求解，多亏了计算机的计算技术（即计算科学）的进步。在爱因斯坦那个时代，大多数计算都是在纸上通过笔算完成的。所以，那时人们只能在少数特定条件下得到爱因斯坦方程的一些解，比如后面会给大家介绍的史瓦西解。由此可见，在当时求解爱因斯坦方程真的是一个巨大的难题！

场方程和运动方程

一个描述力学系统的公式实际上是由场方程和运动方程组合而成的（图 1-1）。

舞台上的表演
（舞台上的运动）
=运动方程

舞台设备
（舞台的变化）
=场方程

图 1-1　场方程和运动方程

作为例子，我们来思考一下物体在引力作用下的运动吧。在这种情况下，运动方程向我们揭示了物体受引力后如何运动。但是，运动方程并没有告诉我们引力本身是如何产生的，这时候就需要用上动力学体系中不可缺少的场方程了。

让我们结合舞台剧来想象一下吧。

想象有这么一个舞台，有演员在上面表演。那么我们可以说，在这个舞台上演着的正是运动方程所展现的内容，而场方程则体现了舞台是如何搭建的。换句话说，这里的"舞台"就像是"场"一样的存在。

　　爱因斯坦方程对应着引力场方程。在引力场方程搭建的舞台上，决定演员如何进行表演的则是我们之后会介绍的测地线方程。如果你大体上知道场方程和运动方程的不同之处，就可以更深刻地理解不同公式之间的对应关系（图1-2）。

图 1-2　公式之间的对应关系
（在量子力学中，场方程和运动方程通常是作为整体出现的，因此在这里不予考虑）

　　那么现在，让我们回到前面对张量的讨论。一个张量因为有多达 16 种的元素存在，所以在不同情况下自然也会有许多不同的表达形式。而爱因斯坦方程最重要的特性是，我们需要确定一个时空的范围来对它进行讨论。爱因斯坦方程所遵循的是广义相对性原理，也就是说，这个公式本身只是一个广义的理论，如果不设定好一个时空条件，我们是无法用它进行研究的。设定时空条件是什么意思呢？比如说，我们必须事先说明这个时空是整个宇宙，或者是像黑洞这样的单一天体，这样才能继续进行下一步的讨论。

在这里，我们只讨论宇宙这个整体所对应的情况，更详细的内容将在下一章的弗里德曼方程中进行说明。宇宙就像是一个容器，它会根据其内部物质能量的变化而变化。我们不难想象，即使是一个硬质的马克杯，也会因为里面装的咖啡而发生小小的形变。

爱因斯坦在推导出这个公式之后，也曾试图将整个宇宙作为时空条件来研究宇宙的演变。然后他便意识到，只要有物质存在，宇宙就会受它们的影响而不断地发生变化。在那个时候，即使是像爱因斯坦这样的天才，也没有明确提出大爆炸理论所描述的膨胀的宇宙这样一个理论设想。

而相反，基于"宇宙应该是静态的"这一强烈信念，爱因斯坦在公式中引入了一个宇宙学常数。然而，在爱因斯坦还在世的时候，宇宙膨胀的证据就被发现了，这与他所坚信的理念完全不同。爱因斯坦本人也因此感叹，引入宇宙学常数是他一生中最大的错误。

但是我们的宇宙也因这个"错误"而变得更加奇妙有趣了。近些年，一些观测数据证实了宇宙学常数的存在，这个曾经的"错误"又重回人们的视线。同时，通过观测遥远超新星发现宇宙加速膨胀的科研人员也获得了 2011 年的诺贝尔物理学奖。爱因斯坦大概做梦也不会想到，在 1915 年首次提出爱因斯坦方程约 100 年后，他会作为人类的智慧之光再次受到关注。

就像数学中的费马猜想（得证后更名费马大定理）一样，研究者在某个领域提出的颠覆性的想法，在许多年后就有可能成为现实。

自然界在证实预言时需要超长的时间跨度，这个时间跨度常常会超过一个人的寿命。纵观历史，这个宇宙学常数完全可以被称为"爱因斯坦常数"。但是，它几乎没有被这样叫过。不仅如此，没有任何一个物理常数是以爱因斯坦的名字命名的，这多少有点不可思议。我们知道，许多学者的名字都因为某个物理常数的命名被记录下来了。

从个人的主观角度出发，我再补充一点。一个学者名字的首字母也经常被用作物理常数的表示符号，因此其实字母 E 很可能会代表爱因斯坦的名字被使用。但是在物理学中，人们已经用 E 表示了能量。所以我觉得，如果这时候再用 E 表示宇宙学常数，就会使 E 的物理意义变得不太好分辨。但就我个人而言，我非常希望在确定了宇宙学常数的存在之后，人们能用爱因斯坦的名字来命名它。

让我们回归正题，最后再介绍一下加了宇宙学常数 Λ 的爱因斯坦方程（图 1-3）。

$$G_{\mu\nu} + \Lambda g_{\mu\nu} = \frac{8\pi G}{c^4} T_{\mu\nu}$$

宇宙学常数

图 1-3　添加了宇宙学常数的爱因斯坦方程

探索宇宙的入口

　　如果要用一句话来形容爱因斯坦方程的魅力，按照它现在的表达形式其实不太好说。我们需要将它还原成原本的形式，也就是物理学术语中所说的拉格朗日量，它代表着运动方程的原始形式。如果我们把开头提到的爱因斯坦方程比作能给客人呈上的美食，那么拉格朗日量就相当于食谱。这跟DNA（脱氧核糖核酸）序列决定着我们的体貌是一个道理。以拉格朗日量为原型，通过一种叫作变分的方法，我们就可以得到前面提到的那个爱因斯坦方程。

　　宽泛来讲，通过这种方式推导出的爱因斯坦方程能够描述所有的引力现象。无论是我们在地球上受到的重力作用，还是月球围绕着地球公转，各种各样的引力现象都能得到解释。

　　相信你已经认识到了，要解释宇宙的演化历程，例如银河系是如何形成的，或者宇宙为什么在持续膨胀等问题，爱因斯坦方程是必不可少的。此外，爱因斯坦方程还可以用于解释黑洞周围的时空，帮助我们揭示更多与强引力天体相关的信息。

但是，当被问到爱因斯坦方程与我们的生活有什么直接联系时，我确实有点不知道怎么回答。从文明发展的角度来看，这些对宇宙的探索和对天文学的研究，有朝一日应该是会对我们的日常生活产生影响的吧。

不过，我们如果把目光从宇宙转移到周围的事物上，就会发现爱因斯坦方程正在一些让人意想不到的地方发挥着作用。这其中最具代表性的一个例子，就是我们手机上都有的GPS（全球定位系统）功能。

这项技术通过围绕地球运行的卫星发送的微波信号来获取位置信息。如果没有爱因斯坦的理论，汽车的导航系统会产生定位偏差，大家智能手机上的定位功能也将无法正常使用。现在，每当我们去到一座新的城市，只要有智能手机在手，就能轻松找到目的地，这都要归功于爱因斯坦的理论。

时至今日，爱因斯坦的理论依旧在为我们指引着方向，真是让人感到无比安心！

光凭爱因斯坦一个人其实不可能完成相对论

天才爱因斯坦（图 1-4）会给人们一种印象——相对论是他一个人完成的。但实际上，他的成功离不开那些对他给予过帮助的数学家。

广义相对论是一项前无古人的伟大成就。爱因斯坦在 1905 年提出了狭义相对论，之后他花了大约 10 年的时间才完成广义相对论。然而，爱因斯坦却并没有因此而获得诺贝尔奖。我觉得当时奖项评选是受到了一些人为因素的影响，不过我不是科学史的专家，对于这些

图 1-4 爱因斯坦
（由舒马兹拍摄）

事情的来龙去脉我可能会有弄错的地方，大家就姑且作为参考吧。

爱因斯坦对弯曲时空的引力构想，源自他一生中最精妙的想法之一——等效原理。等效原理可以简单地解释为，当物体做自由落体运动时会处于失重状态，此时引力看起来就像是完全消失了一样。

也就是说，在某些情况下，我们可以忽略引力的作用。

这时我们会发现出现了平坦时空，这个平坦时空指的便是前面提到的狭义相对论所适用的范畴。在这种情况下，广义相对论和狭义相对论是一致的。至此，爱因斯坦在他已经收集到的理论碎片的基础上，开始尝试构建一个把引力囊括在内且更具普遍性的时空理论。

这个想法虽然很好，但是在具体构建理论的过程中，爱因斯坦始终无法找到清晰的思路。就在这个时候，他从一位数学家朋友格罗斯曼那里了解到了黎曼几何的存在。

当你用日语的假名搜索"黎曼"时，你首先会看到日语"上班族"的简称①，或者是"雷曼危机"（来自"雷曼兄弟"投资银行），但我们这里指的是数学家黎曼。

黎曼有很多项成就，他不仅创立了黎曼几何，还提出了一个至今没有被证明的数学问题——黎曼猜想。几何学是处理图形和空间等问题的学科，而黎曼几何正是爱因斯坦想要使用的那种从数学上处理弯曲时空的方法。

从历史的角度来看，在那时即使没有爱因斯坦，也会有其他人以黎曼几何为基础来研究力学理论体系。

话虽如此，爱因斯坦思维的灵活性和适应性还是很令人钦佩的。他能在最合适的时机把注意力转向一个新奇而复

---

① "上班族"的日语"sararīman"的简称"rīman"与"黎曼"读音相似。

杂的数学方法，并把它纳入自己的理论。据说，就连把黎曼几何介绍给爱因斯坦的格罗斯曼，都认为这种数学方法不是一个物理学家能掌握的。像这样数学家和物理学家之间的接力，其实在公式的提出过程中经常会发生。

最后我想对本书的"粉丝"朋友们说：

希望你们能在"miù niù"中感受到宇宙的奥秘！

2
描绘宇宙的形状
弗里德曼方程

公式

$$H^2 = \frac{8\pi G}{3}\rho - \frac{Kc^2}{a^2} + \frac{\Lambda c^2}{3}$$

读法

H 的平方等于三分之八 π（pi，派）$G\rho$（rho，柔）减 a 的平方分之 Kc 的平方加三分之 Λ（lambda，拉姆达）c 的平方。

来试着抄写一下吧

$$H^2 = \frac{8\pi G}{3}\rho - \frac{Kc^2}{a^2} + \frac{\Lambda c^2}{3}$$

哈勃常数 H，表示宇宙形状的 K 以及宇宙学常数 Λ 交织出"宇宙膨胀之舞"。

弗里德曼方程是将整个宇宙作为爱因斯坦方程的时空条件而得出的公式。这个公式的名字来源于提出这个公式的苏联宇宙学家弗里德曼。

弗里德曼方程表示的是宇宙这个容器的运动情况受到宇宙内部物质能量的影响。这个公式实际上告诉我们，宇宙不是静态的，而是在不停地膨胀和收缩的。

H 是哈勃常数，也被称为哈勃参数，它表示的是宇宙的膨胀速度。如果将宇宙的大小用 a 表示[①]，则 $H = \dfrac{\mathrm{d}a}{\mathrm{d}t}\,/a$。

微分登场！时间的微分

在 $\dfrac{\mathrm{d}a}{\mathrm{d}t}$ 这部分表达式里，微分终于出现了。微分究竟是什么呢？在这里我先简单介绍一下关于时间的微分。在日常生活中，我们说的速度一般指的是物体在一段时间内的平均速度。例如，当物体在 1 秒钟内移动 10 米时，就算它前 0.5 秒移动了 7 米，后 0.5 秒移动了 3 米，这 1 秒内其平均速度也是 10 米 / 秒。与此相对，微分则可以表示物体不停变化着的一瞬间的速度。

---

① 这里表示宇宙大小的 a 与牛顿运动方程中的加速度 a 重名，但这两者表示的是不同含义。

微分在本文中有时用 d 表示，有时用 ∂（读作 round，英文单词意为圆形的）表示①。据说这种表示方式来自英文单词 differential（意为微分）的首字母。

某个量 a 随时间的变化写作 $\dfrac{\mathrm{d}a}{\mathrm{d}t}$ 或者 $\dfrac{\partial a}{\partial t}$，读法是 "da (over) d$t$"，中间的 over（意为在……之上）对应着中文的 "比"。

$\dfrac{\mathrm{d}a}{\mathrm{d}t}$ 表示的就是将物理量 a 对时间 t 进行微分，其对应着的就是瞬时速度，所以弗里德曼方程左边反映的是宇宙的膨胀速度。也就是说，这个公式简洁地表述了 "宇宙膨胀的速度是由宇宙中物质的能量密度、宇宙的形状和宇宙学常数所决定的" 这一概念。

公式中的 ρ 表示了物质的能量密度。

当然，所谓的 "变化" 并不仅仅包括对时间的微分，还可以包括对空间的微分。对空间的微分对应着曲线的斜率。我们可以在脑海中想象一辆车沿着弯曲的道路行驶，道路对空间的微分对应的就是每时每刻在发生着变化的车辆行驶方向。

---

① ∂ 是 d 的一种变体，除了读作 round 还可以读作 partial（意为部分的），用于表示部分的微分，即偏微分。

宇宙是由什么物质组成的

在影响宇宙演化的物质里，最重要的大致有光、重子物质、暗物质和暗能量这四种。很多人可能对光以外的其他三种物质都有点陌生，就让我来为大家解释一下。

首先，我们来说说重子物质。不管是我们的身体，还是桌子、大楼，甚至是地球或者太阳，只要一直分解下去，你就会发现它们其实都是由基本相同的重子组成的"同类"，也就是重子物质。所以，我们可以说重子物质代表的就是普通的物质。

与重子物质不同的是，暗物质则是一种由未知粒子组成的物质。尽管我们还不知道暗物质的真正身份是什么，但我们已经确切地知道了它在宇宙中所占的能量比例。在整个宇宙中，暗物质所占的能量比例是 27% 左右，而重子只占了 5% 左右。这也就意味着，我们平常接触到的物质只是宇宙中的一小部分。

那么，到底为什么会有暗物质呢？研究表明，宇宙在刚开始形成的时候，必须要有暗物质的存在，才能够形成像银河这样聚集了大量恒星的结构。暗物质的"暗"表示它不与光发生相互作用，所以通常情况下我们只能通过引力透镜效应，即光在大质量天体的周围由于引力作用而发生弯曲的现象来探测它的存在。

最后，我们来说说暗能量。它的"暗"则表示它是一种让全世界几乎所有科学家都束手无策的完全未知的能量，不过它与后面要介绍的宇宙学常数有很大关系。在目前缺乏新观测结果的情形下，大多数宇宙研究者都相信，暗能量很可能就是宇宙学常数。

尽管我们目前把暗能量假定为宇宙学常数，但它仍然是一个人类难以解决的谜题。

宇宙是什么样子的

弗里德曼方程中的 K 决定了宇宙的形状。

宇宙的形状可以分为三种类型（图1-5），分别是 $K=0$

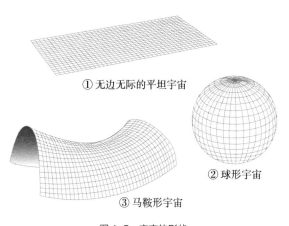

① 无边无际的平坦宇宙

② 球形宇宙

③ 马鞍形宇宙

图1-5 宇宙的形状

（平坦型）、$K=1$（球型）和 $K=-1$（马鞍型）。我们如果着眼于广大宇宙这一整体，会发现宇宙在大尺度上是大致均匀和各向同性的，即不管我们身处何地，宇宙看起来都是一样的。几乎所有的理论都是建立在这个观点之上的，也正是因为这样，我们的宇宙只有三种可能的形状。

根据目前的观测范围，大家普遍认同宇宙实际上是平坦的（$K=0$）这一观点。也就是说，宇宙在空间上是无限延伸的。虽然曾经也被认为是无限延伸的地球，后来被证实是椭球形的，但是就目前的情况来看，宇宙似乎是不会像地球一样呈现球形的。

宇宙正在按照弗里德曼方程不断演化，可以说弗里德曼方程正是"宇宙法则"本身。爱因斯坦曾经认为宇宙是静态的，他起初觉得"宇宙演化"这一说法不过是个天方夜谭。然而，哈勃对星系后退速度的观测结果让大家知道，"膨胀的宇宙"才是宇宙真实的样子。

在天才爱因斯坦的一生中，弗里德曼方程可以说是使他自尊心最受挫的一个公式。如果爱因斯坦在天之灵能够再次审视这个公式，他可能会尴尬得掩面而逃。只要是具有高中及以上数学水平的人，就可以使用积分来求解弗里德曼方程。这样，我们就可以知道宇宙的膨胀是如何随时间而变化的。

哈勃常数的倒数大概等于宇宙的年龄。现在距离宇宙大爆炸已经过去约 138 亿年了，这也可以通过弗里德曼方程计算出来。虽然听起来可能会有点疯狂，但我认为这个公式左边 H 的平方其实有着很深刻的意义。如果宇宙在膨胀，H 就是正的；而如果宇宙在收缩，H 就是负的。

但是，弗里德曼方程并没有决定 H 的符号。因为我们对公式中的 H 进行了平方运算，所以正负两种情况都被包含在内。大家可能或多或少都听说过，我们现在的宇宙是在一次被称为"大爆炸"的事件中迅速膨胀而来的。如果我们相信弗里德曼方程所容许的宇宙形态全都是真实存在的，那么收缩的宇宙也有可能存在。

不管怎样，弗里德曼方程告诉我们，宇宙可能是从膨胀开始的，也可能是从收缩开始的。也许在某个地方有我们还不知道的别的宇宙，在那里宇宙是处于收缩状态的。

加速膨胀中！

接下来，我们来看看与弗里德曼方程类似的雷乔杜里方程①（图 1-6），它是以一位印度物理学家的名字命名的。

---

① 这里的雷乔杜里方程通常被称为弗里德曼加速方程。

$$\frac{\ddot{a}}{a} = -\frac{4\pi G}{3c^2}(\rho c^2 + 3p) + \frac{\Lambda c^2}{3}$$

宇宙的加速度

表示物质使宇宙的
膨胀减速

表示暗能量使
宇宙的膨胀加速

图 1-6　雷乔杜里方程

在弗里德曼方程中，我们看到的是宇宙膨胀的速度；而在雷乔杜里方程中，我们看到的则是宇宙膨胀的加速度。

这两个公式都起源于爱因斯坦方程，因此也有人将它们合称为弗里德曼方程。在这里的雷乔杜里方程中，我们看到了一个新的物理量的出现——物质的压强 p。压强指的是物体单位面积上受到的压力，它和物质的能量密度 ρ 一起，将物质划分为四种类别。

举个例子，普通物质（即前面提到的重子物质）在完全真空的环境中对应的压强为 0，而光子的压强为 $\rho c^2/3$。所以在宇宙中，普通物质并不会对外界施加压力，而光子则会对外界施加压力。虽然我们通常会认为物质比光更"硬"，但事实却完全相反。光是这个世界上传播速度最快的东西，它一直在向外扩散，所以我们也就不难理解为何它会向外界施加压力了。

在雷乔杜里方程的左侧出现的两个点表示二阶微分，意思是进行了两次微分操作，由此得到了与弗里德曼方程不同的最初版本的宇宙膨胀加速度的表达式。因为公式右侧的第一项一定为负数，所以宇宙中的所有物质都会导致宇宙进行减速膨胀。

然而，在公式右侧的第二项中，宇宙学常数 Λ 表示的暗能量则对公式有着完全不同的影响。正如我们所看到的，恒为正的宇宙学常数会促使宇宙加速膨胀。实际上，当前的宇宙大约有 68% 的能量是以暗能量的形式存在的，所以我们的宇宙是一个加速膨胀的宇宙。

据估计，大约在 40 亿年前，宇宙进入了由暗能量支配的加速膨胀时期（图 1-7）。而地球的形成大约是在 45 亿年前，所以在地球形成之后不久，宇宙的走向开始变得不稳定。

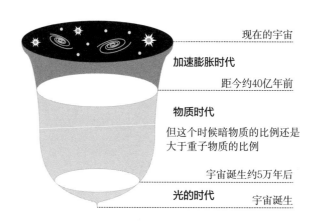

图 1-7　宇宙膨胀的三个时代

如果要用一句话概括这些公式的魅力，我想应该是：它们用简明的语言概括了宇宙的规则，并极具说服力地展现了它们自己的作用。可以说这些公式本身就是宇宙的法则，它们展示了宇宙这个像马克杯一样的容器与其中物质之间的平衡。值得一提的是，雷乔杜里方程向大家宣告：现在的加速膨胀宇宙是由宇宙学常数 Λ 所支配的！

雷乔杜里方程其实是在描述整个宇宙的膨胀。仅仅通过在地球附近升起的卫星环视宇宙，就能得到整个宇宙的信息，这实在是太不可思议了！那么宇宙中究竟有什么样的物质，宇宙的膨胀速度又是多少呢？

对于浩瀚的宇宙来说，我们只是微不足道的存在，但是拥有知识和一定的观测技术就能让我们了解整个宇宙，这同样是不可思议的！这些公式的迷人之处就在于，它们像一个巨大的桥梁，把身处宇宙角落的你我和宏大的宇宙连接在了一起。我们生活中那些小小的烦恼，在宇宙这个尺度下是不是就随风而逝了呢？

爱因斯坦不愿承认的宇宙形态

1922 年，弗里德曼提出了这个膨胀宇宙的解。前面我们已经提到了，爱因斯坦表示不认同弗里德曼的观点。随后，弗里德曼又在论文中总结了三种宇宙形态。

关于宇宙形态，我们在前面提到过，迄今为止的观测结果都显示我们的宇宙是平坦的。但是，在弗里德曼那个年代，球形宇宙的观点比平坦宇宙更受欢迎。可能是因为我们的地球是椭球形的，所以人们就先入为主地默认宇宙也同样是球形的。但是其实，直到现在我们也不能确定宇宙的真正形态。

事实上直到1929年，哈勃才通过对星系的观测，证实了宇宙正在膨胀，同时哈勃本人也因哈勃－勒梅特定律而声名远扬。但那时，弗里德曼已经不在人世了。1925年他因伤寒去世，年仅37岁。

弗里德曼没能看到自己曾探寻的宇宙的真实面貌，这真是太遗憾了！

在物理学术语中，时空的解也可以用度规来表示，而膨胀宇宙的解则应被称为FLRW度规。这四个字母代表的是与这个度规相关的人的名字，它的完整读法是"弗里德曼－勒梅特－罗伯逊－沃克度规"，这个全称实在是太长了！

为FLRW度规做出过贡献的勒梅特曾参加过第一次世界大战，战后他进入神学院并接受了神职。

在那时，无论处于何种艰苦环境中，总会有一些伟大的人靠着自己的力量完成一些伟大的事情，这真是让人深受感动。我真的很想知道，他们的好奇心和活力到底是从何而来的。同时，我也对宗教神学和科学的并存很感兴趣。也许在当时，了解宇宙和了解上帝本就是有所关联的吧。

像勒梅特一样有着虔诚宗教信仰的科学家多到不胜枚举，我们熟知的有巴斯德和牛顿等。特别是牛顿，甚至还有一些坊间传闻称他是基督教秘密组织"郇山隐修会"的成员[①]。

当年我在比利时演讲时，曾因为用 FRW 度规这一名称而被人指责，因为我忽略了他们国家的科学家勒梅特。但即使是现在，人们也经常使用 FRW 度规这一缩写。

最后我想对本书的"粉丝"朋友们说：

> 这才是货真价实的宇宙法则。小烦恼什么的就让它们随风而逝吧！

---

① 确切地讲，"郇山隐修会"的故事是《达·芬奇密码》的独创。在这部小说／电影之外，并不存在关于牛顿属于"郇山隐修会"的传闻。

3
预言了黑洞的存在
史瓦西解

公式

$$ds^2 = -\left(1-\frac{r_s}{r}\right)c^2dt^2$$
$$+ \left(1-\frac{r_s}{r}\right)^{-1}dr^2 + r^2d\Omega^2$$

读法

　　ds 的平方等于负括号一减 r 分之 r_s 括号结束 c 的平方 dt 的平方加括号一减 r 分之 r_s 括号结束的负一次方 dr 的平方加 r 的平方 dΩ（omega，奥米伽）的平方。

来试着抄写一下吧

$$ds^2 = -\left(1-\frac{r_s}{r}\right)c^2dt^2$$
$$+ \left(1-\frac{r_s}{r}\right)^{-1}dr^2 + r^2d\Omega^2$$

　　这个公式读起来可真长。要特别注意公式中的"r_s"！那里是黑洞的事件视界。当心不要被吸入其中哦！

与勾股定理相同的形式

史瓦西解也被称为史瓦西度规，它因为预测了黑洞的存在而被大家所熟知。在公式中通常用 ds^2 来表示度规。简单来说，它类似于我们在中学时学习的勾股定理（有时也被称为毕达哥拉斯定理）。

毕达哥拉斯定理可以表示为 $C^2=A^2+B^2$，它描述了直角三角形的斜边长度 C 与另外两条直角边长度 A 和 B 之间的关系（据说古巴比伦人比公元前 6 世纪的毕达哥拉斯还要早提出这个定理，但在这里我们就不展开讲了）[1]。

如果你仔细观察，就会发现史瓦西解和毕达哥拉斯定理非常相似，因为它的每一项也都被平方了。相对论处理的是包含时间在内的四维时空的情况，因此在相对论框架下表示时空距离的时候，必须是三个成分的平方和。公式中的 ds^2 被称为时空距离或时空间隔，它对应于毕达哥拉斯定理中斜边的平方。由于时间和空间是不同的，所以在表示时间的那一项前面有一个负号。

黑洞是超新星爆发形成的天体[2]。我们将爱因斯坦方程中

———————————

[1]　周朝时期中国也提出了"勾三股四弦五"的勾股定理。

[2]　超新星爆发不一定形成黑洞，还可以形成中子星，或者将恒星物质完全抛散，形成超新星遗迹。而黑洞也不一定都是超新星爆发产生的，它也可能是中子星并合产生的，还可以是宇宙大爆炸产生的原初黑洞。

的时空条件选择为球对称时空，物质条件选择为真空，便可以通过数学方法得到史瓦西解。球对称时空是一种假设，即时空的形状是各向同性的球形，不会因角度而发生改变。黑洞的引力场非常强，因此所有物质甚至连光线都可以被它吸进去。

光刚刚好能被吸引到黑洞里面的边界区域被称为事件视界，而事件视界的半径被称为史瓦西半径（图1-8），它对应着公式中的r_s。史瓦西半径的大小对应着黑洞的大小，并由黑洞质量所决定。如果以太阳的质量为基准，一个太阳质量的黑洞的半径约为3千米。换句话说，如果把太阳一下子压缩到半径为3千米的大小，它就会成为一个黑洞。但是，我们的太阳是不会经历超新星爆发的，因此不会成为黑洞。

黑洞的质量

$$r_s = \frac{2GM}{c^2}$$

史瓦西半径

图1-8　史瓦西半径

虽然在求史瓦西解的时候我们选择了真空作为物质条件，但实际上黑洞周围并非真空，而是围绕着气体和恒星残骸。尽管如此，我们还是需要以史瓦西解作为基础，来研究在黑洞周围的光和气体粒子的运动情况。

接下来就会涉及将在后面登场的测地线方程了。通过求测地线方程的解，我们可以了解光和气体粒子是如何与黑洞发生相互作用的。但是一旦要考虑到物质间相互作用的时候，问题就会变得复杂起来。目前，科学家们通常使用数值计算的方法来求解这些复杂的问题，从而研究黑洞周围的天体现象。

2019 年，人类首次公开了可视化的黑洞图片（图 1-9）。这张图片是基于观测的数据，并配合计算机进行数值修正而得到的。这种对数据进行的分析和

图 1-9　可视化的黑洞影像
（由事件视界望远镜合作组织观测处理得到）

处理相当复杂，需要花费多达数年的时间才能完成。

通过计算黑洞与物质的相互作用，人们惊奇地发现，黑洞不仅仅会吸收物质，还会像喷气式飞机一样向外喷出物质流。

在黑洞周围时间会变慢

在史瓦西解中，我们需要特别注意右边的 dr^2 项，它表

示的是黑洞周围的时间延迟。虽然计算起来不是那么容易，但是如果能确定 r 与史瓦西半径 r_s 之间的关系，我们就能借助计算机来求出时间变慢了多少。

实际上，史瓦西解仅仅是用来理解黑洞本质的一个基础公式，它并不适用于宇宙中真实存在的黑洞。因为史瓦西解所描述的黑洞没有在旋转，但是宇宙中的黑洞却是会旋转的。如果将旋转效应加入史瓦西解，我们就会得到克尔解。

克尔解的公式在这里没有给出，但是如果你有兴趣，可以在网上搜索一下。史瓦西解的表达式是比较简单的，推导起来也相对容易；而克尔解的表达形式则非常复杂，就连天文学专业的学生们在推导这个解时也会感到非常棘手。此外，如果将电荷作用加入克尔解，我们会得到克尔 - 纽曼解，这个公式就更加复杂了。

史瓦西解的魅力可能就在于它解释了黑洞周围的时间是如何变慢的。利用史瓦西解，我们可以计算出时间延迟的具体数值。在科幻电影《星际穿越》中，有一个靠近黑洞的行星，那里的 1 小时大约相当于外面的 7 年。通过公式计算，我们会发现这个设定是多么不靠谱，因为只有行星在某个非常靠近事件视界的地方时，才可能出现电影里那么大的时间差。但是，在这样一个极端的位置上，行星是不可能保持稳定的，所以说电影中的这个设定是非常不现实的[①]。

一个在参军期间也不忘研究公式的男人

图 1-10　史瓦西

在 1915 年爱因斯坦提出广义相对论后不久，史瓦西（图 1-10）便成功地计算出这个特殊解。当时，史瓦西作为德国军队的一员正在俄国服役，他通过信件将这一成果告知了爱因斯坦。即使在战争这样的非常时期，史瓦西也没有失去对爱好的热忱和对知识的渴求，这真是太了不起了。爱因斯坦在收到信件后，帮助史瓦西将论文进行了汇总和发表。

几个月后，史瓦西不幸因病去世。他的人生就像一颗璀

[①]　一般来说，黑洞周围的引力场的潮汐效应非常严重，这会导致行星的两端受到的引力大小差别很大，从而被撕碎。但理论上讲，如果一个黑洞质量特别大，它附近的潮汐效应就相对没那么明显，这时候行星也是有可能稳定地存在于它周围的。同时，按照《星际穿越》的设定，其中的黑洞具有大约 1 亿倍太阳质量，且自转极快，这种情况并不适用于史瓦西解。

璨的星星，在短时间内猛烈燃烧，最后变成了"黑洞"，以另一种形式成为永恒。

黑洞的可视化影像已经由事件视界望远镜合作组织观测处理得到。这个合作组织利用了 8 个望远镜形成口径等效于地球直径的虚拟望远镜进行观测。该望远镜对黑洞的首次观测是在 2017 年，而黑洞的可视化影像于 2019 年才公布。如果把这张黑洞的影像比作是某个偶像的写真，其中从拍摄到成像花费了很长的时间，这幅巨作肯定价格不菲！

最后我想对本书的"粉丝"朋友们说：

> 如果你来到我（黑洞）的身旁，瞬间就会变成永恒。"官方写真"热卖中！

4
或许能解释清楚宇宙是如何诞生的
引力波波动方程

公式

$$\frac{1}{c^2}\frac{\partial^2 h_{\alpha\beta}}{\partial t^2} = \Delta h_{\alpha\beta}$$

读法

c 的平方分之一 partial 的平方 $h\alpha$（alpha，阿尔法）β（beta，贝塔）比 partial t 的平方等于 Δ（laplacian，拉普拉斯）$h\alpha$（alpha，阿尔法）β（beta，贝塔）[①]。

来试着抄写一下吧

$$\frac{1}{c^2}\frac{\partial^2 h_{\alpha\beta}}{\partial t^2} = \Delta h_{\alpha\beta}$$

引力波为我们带来了全新的天文观测方法！它可以穿过任何东西，是爱因斯坦预言的"魔法之波"哦！

① 微分部分的读法与分数相反，是从上往下读的。

从宇宙深处传来的"涟漪"

这个公式描绘了"时空的涟漪"——引力波。公式中的拉普拉斯算子 Δ 相当于哈密顿算子 ∇ 的平方（图 1-11）。它们的名字听起来都很酷吧！

$$\Delta = \nabla^2$$

拉普拉斯算子　哈密顿算子

图 1-11　空间微分的符号

数学上，∇表示进行一次空间微分，而 Δ 则表示进行两次空间微分。

拉普拉斯算子是以法国数学家和天文学家拉普拉斯（Laplace）的名字命名的，这个名字在日本的游戏《宝可梦》中也出现过。哈密顿算子的表示符号与竖琴有些相似，并且其读法（nabla，那布拉）也与希腊语中的竖琴有关。

引力波是爱因斯坦预言的"时空的涟漪"。在爱因斯坦方程中，我们如果将微小的扰动 $h_{\alpha\beta}$ 引入没有引力的平坦时空（即第三章中介绍的闵可夫斯基空间），就可以推导出引力波波动方程。

波动方程可用于描述任何形式的"波动"。除了引力波，它还可以描述声波、水波和光波等普遍存在的各种形式的波。在这种情况下，波动方程开头的 c 应改为相应的波速。对于声波，这一部分则为音速 v（340 米 / 秒，对应着 1 马赫）。

说回引力波，它是可以从宇宙深处传到我们身边的天文观测中一个重要的工具。如果两个像黑洞这样的强引力天体相互靠近成为双星系统，它们将相互绕转做椭圆运动，就像在手挽着手跳交谊舞一样。它们的"舞蹈"一旦开始，就会在周围的时空中产生"涟漪"，并在宇宙中扩散开来。

2015 年 9 月，位于美国的激光干涉引力波天文台（LIGO）观测到了引力波（图 1-12）。这次引力波探测工作被命名为 GW150914，其中 GW 是引力波的英文 Gravitational Wave 的缩写，后面的数字则是代表日期。激光干涉引力波天文台在 2016 年正式发表了对这次引力波探测的分析研究结果，并于 2017 年获得了诺贝尔奖。

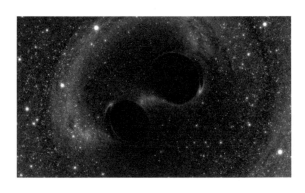

图 1-12　检测到的引力波 GW150914
（由"模拟极端时空"研究组提供）

这次探测到的引力波是由 13 亿光年外的两个黑洞之间的"舞蹈"产生的。这么远的信号都能够被人类发现，引力波真不愧是"魔法之波"！引力波几乎不与物质相互作用，并且能穿越很长的距离进行传播，所以新一代望远镜能利用它"看到"遥远的信息。

理论上讲，我们可以通过引力波"看到"更遥远的宇宙，因此我们有可能依靠它揭开宇宙创生之初的神秘面纱。

引力波波动方程中最值得关注的是公式开头的速度部分。

看到速度部分的表达式后，有的人可能会在心里犯嘀咕。没错，引力波的速度刚好就跟光速一样，都是 c。如果世界上有关于速度的排名，那么在引力波被探测到以前，光速一直是独占鳌头的。但是，在引力波的存在得到证实后，它们就是并列第一名。

此外，由于引力波几乎不与其他任何物质发生相互作用，所以从能传播得更远的角度考虑，引力波比光要更胜一筹。

顺带一提，中微子的传播速度以微小的差距排在光和引力波之后。它也具有基本不与其他物质发生相互作用的特性。在地球上，每天都有很多中微子穿过我们。不过幸好，我们是感受不到的。

虽然一定存在，却寻找了很久

在提出广义相对论后不久，爱因斯坦就根据波动方程的计算结果预言了时空扭曲会以波的形式传播。然而，这种波的振幅通常非常微小，因此我们很难探测到它。

别说赶在爱因斯坦生前了，整个人类都花费了近 100 年的时间才成功实现了引力波的直接探测。但是，在直接探测到引力波之前，人类已经间接地确定了引力波的存在。

在我们的宇宙中存在着一种叫作脉冲星的天体，它们像灯塔一样非常规律地发出电波。除了单个存在的天体，宇宙中还有许多以成对的联星形式存在的天体，这其中有脉冲星存在的双星系统被称为脉冲双星。1974 年泰勒和胡尔斯观测到了脉冲双星，他们俩也因此获得了 1993 年的诺贝尔奖[①]。

在发现脉冲星的过程中，人们还发现了一个有趣的现象。由于这一对脉冲双星中的其中一个天体是具有高密度和强引力的中子星，因此受到其轨道运动的影响，脉冲信号到达地球的时间间隔稍微变长了。这背后所隐藏的，正是这对

---

① 1967 年休伊什和他的研究生伯奈尔发现了脉冲星，1974 年休伊什因此获得诺贝尔物理学奖。泰勒和胡尔斯发现脉冲双星是在 1974 年，两人在 1993 年获得诺贝尔物理学奖。

脉冲双星产生的引力波所带来的影响。此后，通过对这个脉冲双星的持续观测，人们发现它们的变化与广义相对论的预言惊人的一致。所以在那时，即使还没有直接探测到引力波，人们也不会怀疑它的存在。

但是即便如此，实现对引力波的直接探测还是相当漫长且艰难的。简单来说，要想检测引力波，我们需要建造一个大型的干涉仪。这个仪器类似于测量光速的迈克尔逊干涉仪，它先将激光的光束分开传播到两个相互垂直的方向，然后两束激光分别在数千米的臂长内往返传播，最后它将两束光重合并发生干涉。

如果有引力波通过这个探测器，由于时空的扭曲，干涉仪两个方向的臂长会产生微小的差异，最终改变干涉图案。虽然这个探测原理早就被大家所知晓，但是由于引力波引起的臂长变化太过微小，所以需要在探测过程中消除地面微小振动的影响并控制温度。好在经过一段漫长而坎坷的历程之后，人类终于直接证明了它的存在。

最后我想对本书的"粉丝"朋友们说：

向你的内心深处，传递我微弱的信号！

牛顿的引力理论
从地球附近延伸到银河系尺度的宇宙观

牛顿运动方程是由著名的物理学家牛顿提出的。

这个公式非常简单，是高中物理的必学内容。简单来说它表示的是，当把力 F 作用于质量为 m 的物体上时，这个物体将会以加速度 a 运动。

在大学力学课上，我们会将公式中的加速度表示为 $a = \dfrac{\mathrm{d}^2 x}{\mathrm{d}t^2}$，并使用微积分对其进行学习。虽然在日本高中学习数学时也会学习微积分，但在物理考试中，高中生原则上是不能使用微积分的，因此他们对微积分的了解也是不完整的。

牛顿运动方程的关键其实在于确立了微分这一数学工具。换句话说，这个公式的精华就在于，通过微分的手段成功地捕捉到了力学的本质。

5
公式中的"典中之典"
牛顿运动方程

公式

$$F = ma$$

读法

F 等于 *ma*。

来试着抄写一下吧

$$F = ma$$

看似简单，但是含义深刻！

一个明确了"力"这一概念的伟大公式

牛顿运动方程右边代表的是物体质量和加速度的乘积，左边则会罗列出所有影响物体运动的力，例如"重力＋电磁力＋空气阻力"。公式中的每个要素都被称为项，在"重力＋电磁力＋空气阻力"这个例子中，第一项就是重力，第二项就是电磁力，以此类推。

在棒球运动中投出指叉球[①]这样的变化球时，最后往上的力起到了决定性作用。只要将作用在物体上所有的力代入牛顿运动方程中然后求解，我们就能确定物体的运动轨迹。

然而，这个公式真正的价值在于，它是第一个将力的概念量化的公式。换言之，这个公式通过物体的质量乘以加速度，量化了力学中最基本的概念——力。反过来我们也可以说，力反映了物体的质量和加速度的乘积。总之，经典力学理论体系就这样在 17 世纪正式形成了。这个公式虽然很简单，却是意义深远的第一步，就像当年阿姆斯特朗在月球上跨出的那一步一样。

描述力学系统的公式可以分为场方程和运动方程两种

---

① 是棒球的一种投球方法。

类型。场方程就像是为物体运动提供的舞台，而运动方程则表示舞台上的舞蹈。我们来考虑一下物体受到引力作用的情况，这时地球产生的引力场会由我们在下一节介绍的泊松方程来表示，而决定物体在引力场中如何运动的就是牛顿运动方程。

引力场通常用ϕ表示。在引力场的作用下，物体受到的力可以表示为$-m\nabla\phi$（图1-13），其中用到了空间微分符号∇。到这里为止介绍的内容，都属于经典力学的范畴。

$$F = -m\nabla\phi$$

力　　　　　　引力场

图 1-13　引入了引力场的公式

同样的，爱因斯坦提出的引力理论也不是只有爱因斯坦方程的，只是那时人们还没有对其运动方程部分进行明确的规定。在强引力场中，由爱因斯坦的引力理论决定的物体运动其实是用测地线方程来表示的，我们会在之后对它进行介绍。

正如前面提到的，牛顿运动方程的魅力在于它囊括了各种各样的力。我们之后会讲到的电磁学也是一样，只要引入了洛伦兹力，就可以更准确地描述和预测物体的运动。在物理学中，我们会在力学和电磁学前加上"经典"一词，从而将它们与现代的量子力学区别开来。

因此我们也可以将牛顿运动方程称为"典中之典"。我们知道，无论是相声还是其他领域，研习经典都是最基础的一步。可以说掌握了经典，就等于是建立了坚实的物理学基础。

虽然名字叫作经典力学和经典电磁学，但它们其实已经可以解释我们日常生活中的大部分现象了。经典物理学是我们理解身边各种现象的重要根基，只有好好学习它才能领悟自然界的规律。

例如，如何能够跑得更快？如何能在水中游得更快？这些问题都可以通过一步步解析牛顿运动方程来推导出答案。

然而，仅仅使用牛顿运动方程来分析物体的运动是不够全面的。要进行更贴合实际的分析，就必须在经典力学的基础上进一步考虑身体的结构力学和复杂的气流动力学等内容。但是我们至少要意识到这一点——如果要问运动的根本何在，那么答案必然是牛顿运动方程。如果我们把奥林匹克运动会的意义拓宽到"运动的盛会"这一层面，那么奥运圣火就应该为牛顿运动方程而点燃。

藏在剑桥大学中关于牛顿的历史

牛顿（图 1-14）在 1687 年将他的著作陆续出版，而这部著作就是大名鼎鼎的《自然哲学的数学原理》。

牛顿从进入英国剑桥大学开始，便显露出自己的才华。除了微积分和力学，他还在与水车和桥梁相关的设计学和工程学方面颇有研究。我曾经在剑桥大学做了一段时间的研究员，因而有幸了解到很多与牛顿有关的故事。

图 1-14　牛顿像
（由邓恩摄于 2004 年
9 月 8 日）

剑桥大学于 1209 年建校，至今已经有超过 800 年的历史，是英国第二古老的大学。哲学家培根、政治家克伦威尔、诗人弥尔顿和生物学家达尔文都是这里的毕业生。

在日本提起大学，我们通常会想到一个校园。但是在剑桥，大学教育并不是由一个单一的校园来提供的，而是由许多独立的学院来组织。这些学院分布在城市的各个位置，整个城市就像一个大学，而牛顿则毕业于物理学领域中最有名的三一学院。

剑桥大学里的学院就是一套综合性的大学建筑，不仅包括教学楼，还有宿舍、餐厅甚至教堂。就像在《哈利·波特》系列电影中，主角被分配到各个学院一样，剑桥大学的学院制度也与此类似。在三一学院的餐厅里，摆着一排排像《哈利·波特》电影中那样的长桌，墙上整齐地挂着历代著名物理学家的肖像画，整个氛围庄严而肃穆。牛顿的画像也在餐厅的一角，至今还熠熠生辉。

我们说回在剑桥大学中与牛顿有关的印记。剑桥大学里有一座著名的"数学桥"，这是一座没使用任何钉子，仅仅使用木材组合而成的完美拱形桥。此外，还有被人们津津乐道的"牛顿树"，它就装饰在三一学院的入口处。

另外，对力学体系进行了系统总结的《自然哲学的数学原理》第一版也被珍藏在剑桥大学的图书馆。在图书馆的展示柜中，陈列了牛顿当时经常使用的笔、手杖和笔记本。笔记本上用密密麻麻的小字写着拉丁语的对应表，这一定是当时阅读古文献时必不可少的工具吧。

剑桥坐落在伦敦以北的一个小镇。虽然从伦敦乘坐特快列车前往剑桥需要花费一个小时左右的时间，但如果有机会的话，建议你一定要去那里感受一下牛顿曾经生活的氛围。

最后我想对本书的"粉丝"朋友们说：

（向"粉丝"呼喊）力是什么？（侧耳倾听）那就是我！

6
万有引力比我们想象的更特殊
泊松方程

公式

$$\Delta\phi = 4\pi G\rho$$

读法

Δ（laplacian，拉普拉斯）ϕ（phi，斐）等于四π（pi，派）$G\rho$（rho，柔）。

来试着抄写一下吧

$$\Delta\phi = 4\pi G\rho$$

这里的"$4\pi G$"和爱因斯坦方程中的"$8\pi G$"有着紧密的联系哦！

引力理论的疆域

泊松方程其实就是牛顿的引力理论中的引力场方程，它能帮助搭建舞台并供物体在上面进行表演。

那么舞台是如何搭建的呢？公式右边的 ρ 决定了物体的质量密度。质量密度一旦确定，左边的引力场 ϕ 也就确定了。另外，由于拉普拉斯算子中包含了空间微分，因此空间距离 r 也会影响引力场的大小。我们会在之后的万有引力公式中详细介绍这些物理量之间的关系。

泊松方程最大的意义在于它帮助完善了爱因斯坦方程。爱因斯坦在构建其引力理论的过程中使用了黎曼几何来推导公式，而在推导过程中，等号后面紧跟着的系数 $8\pi G$ 正是通过与牛顿的引力理论相匹配而得到的。

也就是说在弱引力场的近似下，我们对爱因斯坦方程进行变换得到的系数要与泊松方程中的系数 $4\pi G$ 一致。这表现了构建理论时的一个非常重要的过程——你可以建立新的理论，但必须保证新的理论在取某个极限值的时候（在某个极端情况下），能与另一个现有的理论相一致。正如我在本章开头所说的，各个理论组合描绘出整个自然界。从这个层面上看，牛顿的引力理论恰恰就是爱因斯坦方程在弱引力场下的体现。

不过，我们不能说牛顿的引力理论是没有必要的。在考虑地球上的力学现象时，如果直接从爱因斯坦的引力理论出发会显得舍近求远，而如果直接采用牛顿的引力理论则会更方便。

爱因斯坦的引力理论在解释宇宙尺度下的现象时更为有效。具体来说，当涉及数亿或数万亿星系时，爱因斯坦的引力理论能够更好地描述这些星系之间的相互作用和运动轨迹等情况。现在，你是不是对"引力理论的疆域"这一概念有了更清晰的认知呢？

如果把地球周围的引力场视为球对称的，则引力场 $\phi = -\dfrac{GM}{r}$（图 1-15）。引力场 ϕ 也叫引力势，我们可以用它来计算物体在引力场中的引力势能，力学中的能量守恒定律也与它有关。公式中的 M 表示地球的质量，随着与地球中心的距离 r 的增加，物体的引力势能也会不断增加，最终接近 0。因为引力是一种吸引力，所以引力势前面有一个负号，由此计算出的物体的引力势能也为负数。当来自足够远的引力源的影响消失的时候，物体的引力势能就会变成 0。如果一个物体想要脱离地球的引力束缚，它必须达到第二宇宙速度。第二宇宙速度也被称为地球逃逸速度，大约是 11.2 千米 / 秒。

地球质量

$$\phi = -\frac{GM}{r}$$

物体与地球中心的距离

图 1-15　球对称条件下得到的地球引力场的表达式

　　不管怎么说，泊松方程的魅力都在于 $4\pi G$ 中那个耀眼的 G。G 被称为万有引力常数或（牛顿的）重力常数，因为它的数值非常小，所以在自然界的四种力中引力是最特别的存在。与基本粒子间的相互作用力和电磁力相比，引力实在是太弱了。但不管它有多弱，它所具有的"普遍性"却是很强大的。由于所有具有质量的物体都会相互影响，因此，对于像天体这样大质量的物体，它的万有引力是很大的。所以在宇宙中，引力是一种主导力量。

　　引力能成为宇宙中的主导力量还有另一个原因，即不存在可以抵消引力的排斥力。电磁力根据电荷的正负，可以分为能相互抵消的吸引力和排斥力。引力没有任何排斥力可以将其抵消，这是它的一个奇妙之处，而这个 G 则是它的奥秘所在。

　　如果你登陆到一个新的行星上，泊松方程可能会很有用。这个公式担任着搭建物体表演舞台的重任，在研究与地球不同的引力环境时将会是一个重要的工具。

即便是在地球上，不同地方的引力也略有不同，这是因为不同地方到地球中心的距离有微小的差异。在赤道上这个距离稍长，引力也就较弱。所以当你处在赤道附近的时候，你受到的引力会比在北极附近受到的引力要小。

如果我们将来要移居到一个新的星球上的话，在各个地点进行引力测量时，这样的公式就会发挥重要的作用。

法国数学和物理学界的高水平可见一斑

泊松方程是以法国数学家和物理学家泊松的名字命名的。泊松的父亲曾鼓励泊松从事医学事业，但据说他并不擅长医学所以就转而学习数学了。此外，泊松对与行星运动相关的问题也有着强烈的兴趣。虽说这里我们只介绍了与引力相关的泊松方程，但在电磁学和流体力学中泊松方程同样也有着重要意义。因此，泊松方程其实是一大类公式的统称。

顺便说一下，泊松方程右边等于 0 时被称为拉普拉斯方程。这个公式在物理学中非常重要，例如，它可以用来处理一个物体远离另一个物体（源），并达到某种稳定状态时的情况。也就是说，该公式代表了物体的一种调和的平衡状态。这个公式的提出者拉普拉斯也是一位法国人，是数学和物理学的集大成者。

拉普拉斯还跟表示长度的单位"米"颇有渊源。一米的长度最初是以通过巴黎的子午线上从地球赤道到北极点的距离的千万分之一为标准定义的，而拉普拉斯也因第一个提出这个标准而被大家所熟知。

后面我们会讲到，"拉普拉斯妖"这个相当棒的命名也来自他的名字。可能有些读者是因为樱井翔主演的电影《拉普拉斯的魔女》而知道了这个名字。真是没想到电影里还会留下拉普拉斯的名字。

最后我想对本书的"粉丝"朋友们说：

一个人的引力是很弱的，但我们手拉手时，力量将会无限大！

7
你我是相互吸引的
万有引力公式

公式

$$F = \frac{GmM}{r^2}$$

读法

F 等于 r 的平方分之 GmM。

来试着抄写一下吧

$$F = \frac{GmM}{r^2}$$

"mM" 这一部分就像相互吸引的两个人!

苹果下落和月球公转

牛顿对力学的贡献，主要在于提出了牛顿运动方程和万有引力公式。目前，人们认为自然界存在着四种力，它们几乎可以囊括所有的力学现象，其中弱相互作用力和强相互作用力是与量子力学相关的力，另外两种力则分别是电磁力和引力。牛顿揭示了引力的本质：它是一种作用在所有具有质量的物体上的普遍存在的力。

这也就是说，牛顿揭示了四种基本力中其中一种的本质。然而，在牛顿去世之后，物理学界在引力方面的研究进展远远不及其他三种力，因为所有人都认为牛顿的引力理论对引力的解释已经是正确且完备的。直到爱因斯坦提出了相对论，人们才意识到在强引力场的情况下，万有引力公式也是会发生变化的。

但是在一般情况下，比如在考虑地球上的种种引力现象，甚至是月球和行星的运动时，仅靠一个牛顿的万有引力公式就能对它们进行解释。他的伟大和这种举重若轻的感觉，真的是无人能及啊！接下来，我们来谈谈这个公式的具体含义。两个物体分别具有质量 m 和 M，当它们相隔距离为 r 时，它们之间的万有引力 F 则可用公式右边的表达式来计算。

由于物体只要有质量，就一定会受到万有引力的影响，所以牛顿发现苹果从树上掉下来的现象和月球绕地球公转的现象在本质上是相同的。

天才看到的世界可能真的不是我们普通人可以随便理解的。"万有"这个词就意味着所有的物体，所有的物体都会受到引力的影响实在是让人难以想象，我们普通人显然是不会将月球和苹果联系起来的。

如果你要问牛顿为什么会这么想，我猜他会回答说："因为月球和苹果都是被地球的引力影响。"也就是说，他看到了苹果和地球的组合与月球和地球的组合之间的相似之处。

那么，为什么苹果会落到地面上而月球不会呢？牛顿开始思考这个问题，之后他发现月球也在不断地下落（虽然这只是作者的猜测）。也就是说，月球和苹果一样也是被地球持续牵引着的，但因为月球的水平初速度比较大，又因为地球是一个球体，所以月球没有掉落到地球上，而是持续绕着地球沿着一个椭圆形的轨道运动。

想象一下把一个球水平地扔向前方，它飞开一定距离之后最终会落到地面上。而如果是一个飞得更快的子弹，它下落之前的飞行距离就会更远。所以，物体的水平初速度越大，它下落之前的水平移动距离就会越大，也就会飞得更远。又因为地球是球形的，所以我们所说的"水平飞行"实际上就变成了沿着球面飞行。

因此，可以说月球直到现在仍在"持续下落"或"持续进行着下落之前的水平移动"。如果你觉得这一部分的理解有些困难，那么跳过也没关系。为了尽可能传达出天才眼中的世界，我有点激动了。如果你在超市看到苹果时，思维可以跳跃到月球上，那你说不定也是个天才。

另一种形式的万有引力公式可以用来计算某个行星附近的重力加速度（图 1-16）。公式里的 g 表示的是重力加速度，如果我们将地球的质量和半径代入公式，就可以得出地球附近的重力加速度。

行星的质量

$$g = \frac{GM}{R^2}$$

行星的半径

图 1-16　另一种形式的万有引力公式

虽然，在日常生活中我们很难感受到地球的大小，但是通过这个公式，我们可以把眼前的自由落体现象与地球的大小联系起来。不过，不管我们的地球有多大，它的引力也并不太强，因为我们可以轻轻松松地让双脚离开地面，甚至在跳起来的时候整个身体都可以完全离开地面。而如果地球的引力很强的话，那么我们的双脚是无论如何都无法离开地面的。

地球的质量约为 10^{24} 千克[1]。即使有这么重，它也不能将你完全固定在地面上。这也从侧面反映了地球的引力其实非常微弱，这是因为万有引力常数 G 的数值非常之小。直到今天，这也仍然是现代物理学中的未解之谜[2]。也正是因为引力如此微弱，不管两个人靠得多近，他们也不会直接感受到彼此之间的引力。

可能有人在看到万有引力公式后会感到有些奇怪，因为它在 $r=0$ 处会无限地发散。确实，在非常短的距离范围内，万有引力公式并不准确。我们可以通过让两个材质相同的物体无限靠近来研究这一点，这时候原子以及分子之间的静电力会变强，从而对外表现为排斥力，引力产生的实际影响就无从得知了。

目前，人们正在通过实验研究在小于 0.1 毫米的尺度下的引力法则。如果在小尺度下的实验证明万有引力是错误的，那么可能是因为我们的世界处于比三维空间更高维度的空间

---

[1]　地球的质量约为 5.965×10^{24} 千克。

[2]　在过去的 200 多年中，人们在万有引力常数 G 的测量过程中付出了极大的努力，但其测量精度的提高却非常缓慢。

当中。这个问题相当复杂，不过如果你感兴趣的话，可以从其他相关的书籍中了解更多信息。

其他天体的引力情况

接下来，让我们用这个公式来计算一下其他天体上的引力是多少吧。比起代入实际的数值进行计算，我们不如来看看它们的引力是地球的多少倍，这样会更简单一些。比如说，月球的质量约是地球的 0.012 3 倍（123 还挺好记的），半径约为地球的 0.273 倍。我们如果只考虑正比和反比的关系，甚至连万有引力常数值都不需要代入，就可以得出月球的引力约为地球引力的 0.165 倍（0.012 3 除以 0.273 的平方约等于 0.165）。看到这儿，你是不是也跃跃欲试，想代入火星或木星等其他行星的数据来计算看看呢？

如果想尽可能地增大引力的强度，我们可以增大天体的质量或减小它的大小，这就是致密天体如中子星和黑洞等。一颗质量与太阳相当的中子星，半径只有约 10 千米。这意味着，如果你舀起一勺方糖大小的中子星，它的重量大概会有 10 亿吨，这相当于你的勺子上站了多少头大象啊！这个画面一定是不输任何电视广告的。由于万有引力公式非常简单，所以任何人都能轻松地算出天体的引力。

总之，万有引力公式的关键就在于这个"万有"二字。

正是因为万有引力体现在所有物体上，所以它才让人觉得既奇妙又神秘。更让人感到奇妙的是，只有引力才存在这种"万有"的特质。有人曾经开玩笑说道："你和我相互吸引也是多亏了万有引力公式哦！"万有引力公式竟然还能用于跟人搭讪，这个公式真是越琢磨越让人着迷。

与女巫案抗争的开普勒定律

牛顿提出万有引力公式，离不开开普勒的巨大贡献。开普勒曾担任过天文学家第谷的助手。几十年来，第谷一直在详细观测行星的运动，并积累了大量的数据。当时，地动说①尚未得到支持，第谷自己也只是从他的数据中推导出修正后的天动说。

1601年第谷去世之后，他的行星观测数据被交到了开普勒的手中。1609年，开普勒提出了开普勒第一定律和开普勒第二定律。随后在1619年，他又提出了对万有引力公式贡献最大的开普勒第三定律。这个定律可简单概括为"行

---

① 地动说即日心说，后文的天动说即地心说。

星公转周期的平方与公转半径的立方成正比"。

在牛顿出现之前，地动说一直被宗教界当成异端邪说。据有些传言说，开普勒的母亲被送上女巫审判的法庭也与开普勒的言论有关（尽管此事与定律的提出毫无关联）。虽然我们现在看来可能觉得难以想象，但是在当时，地动说就是一个具有颠覆性和攻击性的言论。

写到这里我也不禁会想，如果当年第谷就那样去世了，历史上没有出现接手这庞大数据的人会怎么样呢？开普勒在第谷所剩无几的生命里出现，真是命运的安排啊！提到命运，当年开普勒的本职工作其实是皇帝鲁道夫二世的占星师。从这里我们也可以看出当时科学与占卜共存的时代背景。

虽然有点偏题了，但我还想多说一句，如果在牛顿提出万有引力的故事中，掉下来的是花瓶或者鸟屎，再或者是其他的水果又会怎样呢？虽然我们现在无法确定这个故事的真实性，不过我觉得故事里是苹果还挺好的。因为在宗教层面，苹果还被视为原罪的象征。

电影《达·芬奇密码》中也有相关的情节，主人公为了寻找基督后裔的踪迹，需要解开蒙娜丽莎中隐藏的密码。最后，这个密码就是"Apple"（意为苹果）。我想电影中密码背后的问题其实是"牛顿探索的球体是什么"，最终答案既不是地球也不是月球，而是苹果。

事实上，在今天的剑桥大学三一学院里，这棵苹果树（通过嫁接培育的后代）仍在静静地生长着。虽然没有明显的标志写着"这就是牛顿故事里的树"，但这恰恰体现出含蓄的英国文化。在日本也有这棵苹果树的后代，其中有一棵位于东京大学的小石川植物园。有机会的话一定要去那里看看，说不定这棵树的根部会有一些密码在等待着你。

最后我想对本书的"粉丝"朋友们说：

拉近你我的关键，就是这个"魔法苹果"哦！

8
计算在强引力场中恒星的运动
测地线方程

公式

$$\frac{d^2 x^\mu}{d\tau^2} = -\Gamma^\mu_{\alpha\beta} \frac{dx^\alpha}{d\tau} \frac{dx^\beta}{d\tau}$$

读法

　　d 的平方 $x\mu$（mu，谬）比 $d\tau$（tau，陶）的平方等于负 Γ（gamma，伽马）μ（mu，谬）α（alpha，阿尔法）β（beta，贝塔）$dx\alpha$（alpha，阿尔法）比 $d\tau$（tau，陶）$dx\beta$（beta，贝塔）比 $d\tau$（tau，陶）[1]。

来试着抄写一下吧

$$\frac{d^2 x^\mu}{d\tau^2} = -\Gamma^\mu_{\alpha\beta} \frac{dx^\alpha}{d\tau} \frac{dx^\beta}{d\tau}$$

公式中的大写字母 Γ 包含了广义相对论的精华！

---

[1] 或者读作：$x\mu$（mu，谬）对 τ（tau，陶）的二阶导数等于负 Γ（gamma，伽马）μ（mu，谬）α（alpha，阿尔法）β（beta，贝塔）乘 $x\alpha$（alpha，阿尔法）和 $x\beta$（beta，贝塔）分别对 τ（tau，陶）的导数。

在电影《星际穿越》中出现过的公式

爱因斯坦方程支配着宇宙万物，是给物体的运动搭建舞台的引力场方程，而测地线方程则是负责描述物体在舞台上的运动。这跟我们之前介绍过的"泊松方程负责搭建舞台，牛顿运动方程负责描述舞步"的分工很相似。

测地线其实就是连接曲面上两点的最短曲线。如果我们把一个很重的球放在一块橡胶膜上，橡胶膜的中心会凹陷下去形成一个沟槽，这个形状就很像黑洞周围弯曲的时空（图1-17）。此时物体会沿着这个沟槽运动，就像在做地面测量一样，因此运动的轨迹也被称为测地线。

图 1-17　黑洞周围弯曲的时空

测地线方程的左边表示加速度，如果把它和牛顿运动方程相对照，我们会发现测地线方程的右边对应的是"力"（时空曲率，用大写的 Γ 来表示）。

比如说，如果我们选择宇宙作为时空条件，就可以求出光在宇宙中的运动轨迹；如果选择黑洞作为时空条件，则可以求出黑洞周围恒星和气体的运动轨迹。这就是"广义相对论版的牛顿运动方程"。测地线方程里的时间不是用 t 而是用 τ 表示，它代表一种特殊的时间（仿射参数），我们在这里不需要过多地在意它。

测地线方程的魅力在于公式右边的 Γ。

当引力很弱时，这个公式就会变成和前面牛顿运动方程一样的形式。如果没有引力作用则 Γ 等于 0，这便是爱因斯坦提出的那个最有创意的点子——等效原理。它的意思是说，对于一个自由下落的物体来说，我们可以（在局部）消除引力，这样它就等同于处在狭义相对论下的世界了。

用时空的概念来描述的话，这个时候是没有引力作用的平坦时空。在第三章中，这个时空将以闵可夫斯基空间这个名字出现。平坦时空可以看成是空无一物的舞台，它就像溜冰场一样，物体在上面一旦滑动起来就无法停止。

这种无止境地滑动的特性与测地线的概念非常相似。也就是说，无论在多么弯曲的时空中，物体都会遵循测地线方程自然地滑动。希望你能知道，天才爱因斯坦一生中最兴奋的时刻便是这个 Γ 消失的时候。不深究别的，光是这件事就足够让我们津津乐道了。

我们可以利用测地线方程来研究黑洞究竟是什么样子的。简单来说，即使是光也无法从黑洞中逃脱出来，因此我们无法"直接看到"一个黑洞。但是，由于黑洞附近的光因黑洞的引力而弯曲，黑洞周围会呈现出明亮的光环这样的视觉效果。当我们想看清一个纯黑物体的形状的时候，我们可以在它的表面上放置光源。类似的，我们也可以通过光线沿着黑洞表面的运动，清楚地看到这个黑漆漆的物体的轮廓。

请一定要看看第 46 页介绍的 2019 年发布的黑洞的可视化影像。要计算出我们所看到的这样的光线效果，测地线方程是必不可少的。

诺贝尔物理学奖得主索恩曾担任电影《星际穿越》的监制，并参与制作了黑洞周围光线的视觉效果图。他可不是随手一画就完事了，而是根据测地线方程，严谨地计算了各种光线的运动轨迹，从而呈现出最后的光环效果。虽然这只是电影里片刻的镜头，但当你深入了解到这后面的故事，是不是有了不同的感受呢？

最后我想对本书的"粉丝"朋友们说：

如果你对引力感兴趣，一定要点击这里（Γ）哦！

第二章

基本粒子的相关公式

诞生于宇宙之初的基本粒子

仅用一个公式就能解释自然界的森罗万象，天才们的这项伟绩在历史的长河中从未褪去光辉。为了用公式来翻译"上帝的语言"，科学家们始终在不懈努力，其中最富戏剧性的，就是寻找与基本粒子相关的公式。

第二章的舞台与我们的日常世界完全不同，它是一个由量子力学统治的奇异世界。有时，这里的公式会超出它的提出者的认知，直到后世才有人理解其真意，并由此获得新的发现。这些公式就像独立的生物一样，时刻彰显着自己的存在。它们蕴藏的深刻内涵，很可能就连当时使用公式的人都无法弄清。本章中就会出现这样的例子。

乍看之下，基本粒子的世界似乎和宇宙无关。但其实，宇宙最早期的主角正是基本粒子。随着大爆炸的"火球"急速膨胀，基本粒子诞生在了扩张出来的空间里（图 2-1）。

夸克和电子被称为费米子①，它们都是构成物质的基本粒子。

　　这里登场的，还有俗称"上帝粒子"的希格斯玻色子。原本质量为 0 的费米子可以从它们身上直接获取质量。希格斯玻色子正因为可以把质量给予所有的基本粒子，所以才有了"上帝粒子"这个称号。

　　之后，随着宇宙一点点冷却下来，每三个夸克结合在一起，形成了质子和中子。这是强相互作用力和弱相互作用力大显身手的好时候。虽然万有引力才是宇宙中最具主导性的力，但那还要等物质演化到天体的尺度之后再说。在宇宙诞生的最早期，占据主导地位的还是量子尺度上的力。

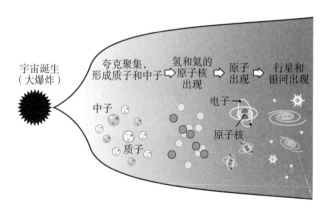

图 2-1　宇宙的诞生和基本粒子

① 自旋为半奇数的粒子统称为费米子，其中包括轻子、核子和超子等。

最终在一团混沌中，光子瞬间迸发到了宇宙的各个角落。这就是宇宙学中最重要的观测对象之——宇宙背景辐射的由来。

在万有引力的作用下，形成于这一时期的氢氦混合气体聚集在一起，成了会发光的恒星。大量会发光的恒星诞生后，质量在太阳三倍以上的恒星内部，会生成原子序数在碳之后的元素。就这样，大致按照元素周期表的顺序，宇宙不断生成着新的元素。这么看来，元素周期表或许不仅仅是一张元素一览表，更是一部记载着宇宙中物质诞生史的"脚本"。我们的身体在被分解到原子级别以后，也会和周期表中的元素一一对应。因此，我们与微观世界之间有着密不可分的联系。现在，就让我们打开公式的大门，去领略一下微观世界的样子吧！

如果把与基本粒子相关的公式当作少女偶像的话，我最先想到的就是"不可思议"这个词，因为这正是微观世界的特征。这里有一群天真烂漫的少女，她们个个才华横溢，经常出席各种综艺节目，是一个极富个性的偶像团体。

1
人类智慧的结晶
标准模型公式

公式

$$-g_1\, \bar{\psi}\, \not{B}\, \psi - \frac{1}{4} B^{\mu\nu} B_{\mu\nu} \quad -g_2\, \bar{\psi}\, \not{G}\, \psi - \frac{1}{4} G^{\mu\nu} G_{\mu\nu}$$

电磁力 强相互作用力

$$-g_3\, \bar{\psi}\, \not{W}\, \psi - \frac{1}{4} W^{\mu\nu} W_{\mu\nu} + \frac{1}{16\pi G}(R - \Lambda)^{①}$$

弱相互作用力 万有引力

读法

负 g 一 $\bar{\psi}$（普西拔）$\not{B}$（B 斜线[②]）ψ（psi，普西）减四分之一 $B\mu$（mu，谬）ν（nu，纽）$B\mu$（mu，谬）ν（nu，纽）；

---

① 原作者为了方便不熟悉公式的读者理解，将原标准模型公式作了修改，使之具有本书中的形式。这里的公式仅具有示意的作用，不代表理论物理研究中真实使用的公式。

② 这里的斜线也叫费曼斜线或狄拉克斜线，用于表示四维矢量与矩阵之间的乘积。

　　负 g 二 $\bar{\psi}$（普西拔）$\mathcal{G}$（G 斜线）ψ（psi，普西）减四分之一 $G\mu$（mu，谬）ν（nu，纽）$G\mu$（mu，谬）ν（nu，纽）；

　　负 g 三 $\bar{\psi}$（普西拔）$\mathcal{W}$（W 斜线）ψ（psi，普西）减四分之一 $W\mu$（mu，谬）ν（nu，纽）$W\mu$（mu，谬）ν（nu，纽）；

　　正十六 π（pi，派）G 分之一括号 R 减 Λ（lambda，拉姆达）括号结束。

来试着抄写一下吧

$$-g_1\,\bar{\psi}\,\mathcal{B}\,\psi - \frac{1}{4}B^{\mu\nu}B_{\mu\nu} - g_2\,\bar{\psi}\,\mathcal{G}\,\psi - \frac{1}{4}G^{\mu\nu}G_{\mu\nu}$$

电磁力　　　　　　　　　强相互作用力

$$-g_3\,\bar{\psi}\,\mathcal{W}\,\psi - \frac{1}{4}W^{\mu\nu}W_{\mu\nu} + \frac{1}{16\pi G}(R-\Lambda)$$

弱相互作用力　　　　　　万有引力

虽然真的很长，但这正是人类智慧的结晶。有了这个公式，世界上所有的力都尽在掌握！

物理学家的梦——力的统一

这个公式描述的是自然界中的四种力，而第二章的最终目标就是让大家能够理解这个公式。

虽然宇宙中的现象千千万，但理论上它们都可以用这四种力来进行解释。按照前文中的公式顺序，它们从上到下依次是电磁力、强相互作用力、弱相互作用力以及万有引力。

万有引力我已经在第一章中介绍过了，这个公式最后的部分其实就是爱因斯坦方程。当我们把这个部分进行变换，就会得到前面提及的引入宇宙学常数后的爱因斯坦方程。

在第二章有关量子力学的部分，我将主要介绍强相互作用力和弱相互作用力，即与原子核的构成密切相关的力。虽说这个公式真的很长，但如果把一个个公式比喻成组成自然界的一块块拼图，这个公式一定是其中最大的那块，可以称得上是人类智慧的结晶。仅仅是从公式的外形，就能看出前三种力和最后的万有引力很不一样。很多物理学家都相信，这四种力可以被统一为相同的形态，这种最终极的理论叫作大统一理论。

本章的计划如下：首先，在介绍微观世界法则的同时，我会带大家欣赏其中最有名的公式——薛定谔方程。然后，我会在薛定谔方程的基础上向大家介绍一个更为复杂的公式——狄拉克方程。最后，我们会接触到标准模型公式。这时，我们已经到达了现代物理学的顶峰。接下来，我准备再努力往上爬一爬，对大统一理论背后那个终极的世界也加以介绍。现在，就让我们向着标准模型公式这座大山的顶峰开始攀登吧！

量子力学的基础——普朗克常数

量子力学中最重要的常数叫作普朗克常数，用字母 h 表示，它是量子力学中的能量单位，也是决定微观世界基准的一个常数。人们曾经认为，能量的大小可以是任意数值。然而在 20 世纪初，科学家们发现能量只能以一个微小的数值为单位一份一份地发生变化，而这个最小的单位就是普朗克常数。我后面要讲的量子力学的奇妙之处，全部都可以归因于这个常数。在第一章里，万有引力的大小由万有引力常数 G 决定。类似的，在微观世界里量子① 的大小则由普朗克常数 h 决定。

① 物理量如果存在最小的不可分割的基本单位，则这个物理量是"量子化"的，并且我们把最小单位称为量子。

用字母 h 表示普朗克常数

最早提出普朗克常数的人，是德国物理学家普朗克。虽然有些物理常数是用学者名字的首字母命名的，但普朗克常数用的却不是普朗克的首字母 p。为什么不用 p 而要用 h 呢？关于这背后的历史原委，我想做一点补充说明。

1900 年，普朗克在一篇有关光的黑体辐射的论文中介绍了一种假说。他指出，光里可能存在着能量的最小单位。为了表示这个最小单位，一个新的符号需要被引入。最后，他选用了 Hilfsgröße（Hilfs 意为辅助，größe 意为大小）的首字母 h 来命名这个新概念。我虽然不知道这个词在德语里怎么读，但可以肯定的是，这时普朗克常数并没有被当作一种实质上的存在，而只是作为一个辅助性的量被引入计算。后来，普朗克常数的表示方法依然沿用了德语原词的首字母 h，这种情况在物理学中是很少见的。恐怕当大部分学者被问到"普朗克常数为什么用 h 表示"时，都需要去查一查它的词源才能作答。和许多其他物理常数的命名方式相比，普朗克常数 h 就是如此与众不同。虽然它最初只是普朗克为了说明理论而临时引用的辅助性概念，但却反映出自然界的真实面貌。

2
位置与速度的双向掩护
不确定性原理

公式

$$\Delta x \cdot \Delta p \geqslant \frac{h}{4\pi} \quad ①$$

读法

Δ（delta，德尔塔）x 乘 Δ（delta，德尔塔）p 大于等于四 π（pi，派）分之 h。

来试着抄写一下吧

$$\Delta x \cdot \Delta p \geqslant \frac{h}{4\pi}$$

> Δ 里面凝聚着量子力学的奥秘！

① 在物理学中经常使用约化普朗克常数 $\hbar$（h 拔，$\hbar = h/2\pi$）。这个公式也可以写为 $\Delta x \cdot \Delta p \geqslant \hbar/2$。

量子力学的奥秘

这个公式表示粒子的位置与速度无法同时确定。换句话说，如果我们对一个粒子的位置测量得越精确，那么我们对它的速度测量就越不精确，反之亦然。

如果用更正式的语言来描述这个公式的内涵，应该是粒子的位置 x 与速度 v（准确来说是动量 $p=mv$）无法同时确定。这也是微观世界与我们的直观世界大不相同的根本原因。这种关系作为一种本质性的特征已经超越了公式的范畴，并被命名为不确定性原理。

Δ 表示的是观测值的变化。因此，这个公式也可以解释为：粒子的位置变化和速度（动量）变化的乘积大于等于普朗克常数除以 4π。

公式里的 h 就是之前提到的量子力学中最重要的角色——普朗克常数。在此前的经典力学中，一个粒子的位置和速度可以被分别确定，或者说同时确定。然而在基本粒子的世界里，科学家们发现这种情况并不存在。在不确定性原理中，对粒子位置和速度的观测值是相互关联的，以至于它们变化的乘积必然大于等于普朗克常数除以 4π。这也就意味着，普朗克常数是我们测定物理量时的某种极限。由此可见，主导微观世界的法则，与我们日常世界里的法则截然不同。

这个公式还有另一种表达形式（图2-2，a式），其中的

[ ] 是表示对易关系的符号，它在量子力学中经常出现。大家知道，在乘法运算里因数的顺序是可以互换的，即 $A \times B$ 和 $B \times A$ 结果相同。然而在量子力学中，这样的对易关系并不一定成立。这里的 x 和 p 头顶上有一个像帽子一样的符号，这个符号表示算符。量子力学中的算符不是默认对易的，鉴于即使只对量子力学做简单的理论说明也需要相当大的篇幅，因此详细原因暂且略去不谈。

还有一些物理量也符合不确定性原理（图 2-2，b 式）。这个公式表示的是能量 E 与时间 t 之间的联系。从某种意义上说，这展现出时间在量子力学中的神奇之处。我在后面还会讲到，基本粒子中有一种能量为负的粒子，它的存在让人感觉也很奇妙。

a式 $$[\hat{x}, \hat{p}] = \mathrm{i}\, \frac{h}{2\pi}$$

对易关系

b式 $$\Delta E \cdot \Delta t \geqslant \frac{h}{4\pi}$$

能量　　时间

图 2-2　不确定性原理的其他形式

在我们的日常生活中，如果一个人某一时刻在东京，那么他就不可能在大阪，犯罪嫌疑人的"不在场证明"正是因此才得以成立。然而在基本粒子的世界里，由于我们无法同时确定粒子的位置和速度，所以它的"不在场证明"是无法成立的。

除此之外，基本粒子还拥有"穿墙术"和"瞬间移动"等科幻电影中才会出现的超能力。这些现象的根本原因，都可以归结于粒子位置和速度的不确定性。因此可以说，量子力学的精髓全都集中在不确定性原理之中。

物理量的本质是什么——量子力学的诞生

不确定性原理的魅力在于，它直观地向我们展示了量子力学的奥秘。

如果想进一步了解它，你可能还需要借助别的科普书。在这里，你可以暂且把它想象成一个跷跷板。跷跷板的一边是位置，另一边是速度（或者动量），它们的量子涨落[①]保持着平衡（图 2-3）。跷跷板的下降代表"确定"，上升代表

---

① 空间任意位置的能量的暂时变化。

"不确定"。位置和速度就这样你上我下地，玩着名为"确定还是不确定"的跷跷板。

图 2-3 "量子跷跷板"

动量被赋予了全新的意义，这是量子力学中一个巨大的转折点，它代表着人们发现了物理量的本质。即便这么说，想必大家还是很难理解吧。其实就算是物理学家，可能也没有谁能真正理解其中的含义。当然，对这个公式表层的理论说明是较为容易的，但自然界到底为什么会遵照这样的理论运行，还需要科学家进一步探究。对于物理学家来说，量子力学就像一个深邃的洞穴，洞穴里有神秘的东西在吸引着他们坠入其中。

大学化学中也有量子力学这一部分知识。与物理系学生所学的内容相比，化学系的课程教授的知识更偏向实际应用。物理系的教材会把大量的时间花在研究为什么会有不确定性原理上，而大多化学系的量子力学教材，则是直接以不确定性原理为前提讲起的。

在现代化学领域，量子力学也是不可或缺的一环。此外，从不确定性原理出发，还可以推导出泡利不相容原理——同一轨道上不可能有两个电子处于完全相同的状态。其实，电子与电子之间存在着一种相斥作用，这种作用叫作电子简并压力。

白矮星就是在这一作用下形成的，它是与太阳相同尺度的恒星在演化到末期留下的死星。当恒星的尺寸被压缩到与地球一般大小的时候，在其内部起到支撑作用的就是电子简并压力。类似的天体还有中子星，它们是靠中子之间的简并压力支撑起来的。虽说它们离我们的日常生活十分遥远，但正是这个公式帮宇宙中死去的天体留下了遗骸。

不确定性原理是由德国物理学家海森堡在 1927 年推导出来的。由于在量子力学方面做出了杰出的贡献，海森堡在 1932 年获得了诺贝尔物理学奖。翌年，薛定谔和狄拉克也获得了该奖。人们通常认为，量子力学是在以上几位科学家的共同努力下诞生的。但如果要选一个人作为量子力学的创始人，从历史上看，这个人应该是海森堡，他可以被称为"量子力学之父"[①]。

---

① 　一般认为"量子力学之父"是普朗克。

海森堡曾经描述过自己提出不确定性原理时的兴奋状态。

"那是凌晨三点,我解开了让量子力学诞生的公式,心情十分激动。我睡不着觉,于是起身外出,跑到岩石上去看日出。"

那天,他眼中的朝阳一定不同于往日——那是人类前所未见的通往新世界的曙光。

最后我想对本书的"粉丝"朋友们说:

无论怎么试探,"少女的心思"总是捉摸不定!

3
一切既是粒子又是波
德布罗意关系

公式

$$\lambda = \frac{h}{p}$$

读法

λ（lambda，拉姆达）等于 p 分之 h。

来试着抄写一下吧

$$\lambda = \frac{h}{p}$$

> 这正是"越简洁的公式
> 含义越深奥"的典型例证！

起初没人相信的物质波

这个公式只用三个字母，就将波粒二象性[①]诠释了出来。

λ 代表波长，是波具有的特征。p 代表动量，是粒子具有的特征。至于这个公式是什么意思，简单来说就是任何动量为 p 的物质都可以用波长为 λ 的波描述。而两者之间的转换，是由量子力学中的重要角色——普朗克常数 h 决定的。

这个公式想要告诉我们：粒子同时也是波。

起初，人们认为只有光或水等特殊物质才具有波动性，而电子仅仅被当成一种粒子。直到很久以后，人们才发现电子也有波动性。这个公式的意义则更加深远，它让我们知道：所有具有动量的物体都有波动性，并非只有电子等一部分特殊粒子才有。以所有物体为对象，意味着这个公式的适用范围极广。这种所有物体对应的波也叫物质波。

这个公式十分简洁，其实只要知道各项的单位，就连高中生也能推导出来。然而最初却没有人相信，这样一个简单的关系式居然就是自然界的真相——所有的物质都会以波的形式存在。这怎么可能？！我刚学这个公式的时候，也不

[①] 指所有的粒子或量子不仅可以部分地以粒子的术语来描述，也可以部分地用波的术语来描述。

免幻想了一下"身体发出光波"这种少年格斗漫画里才会出现的场景。话说回来，由于公式的对象是所有物体，所以我们认为人的身体有对应的物质波也是合情合理的[①]。只不过，所有物质都具有波动性这一点很难立刻被人接受。最早提出这个让人难以置信的想法的，是法国物理学家德布罗意（图2-4），他把这一观点写在了1924年向巴黎大学提交的博士论文中。当时的大学老师也无法理解其中的含义，于是给爱因斯坦写信征求了他的意见。

图2-4　德布罗意

"别说是博士学位了，给这个青年诺贝尔奖都不为过。"

爱因斯坦给出了如此简洁的回信。正如爱因斯坦预言的那样，在1929年，德布罗意果然获得了诺贝尔物理学奖。这个在常人看来只有三个普通字母的公式，简洁地道出了这个世界的真相——世间所有的物质都具有波粒二象性。这个公式简直就像是过去的电报一样，用简短的文字传递着极具冲击力的事实。

---

① 需要注意的是，人对应的物质波并不是"人体发出了光波"。人体确实会发出电磁辐射（在某种意义上就是光波），但那是热辐射，与物质波无关。

如果大家能够理解这段重要的信息，德布罗意一定会非常欣慰。

简洁到惊人的公式

这个公式的魅力在于它的简洁和大胆。

"居然还可以这么简单？"但凡是有点物理学常识的人，看到这个公式后都会目瞪口呆，因为它看上去真的十分低级。我当年学这个公式的时候也感到很诧异，心想这种简单的公式也能称得上人类的伟业？然而，当我意识到提出这个公式需要多么大胆后，便立刻感觉它散发出神圣的光芒。

从时代背景上看，德布罗意提出这个公式的时候，几个表明物质兼具波动性和粒子性的现象已经被观察到了。如果是常人的话，最多也就是会指出只有某几种特定的物质会发生这种现象。而德布罗意却大胆地把世界观拓展进去，他在思考会不会所有的物质都符合这个规律。

大家应该在中学化学里学到过氢原子的模型。氢原子的中心是原子核，电子在外围旋转。模型里的电子被画得像是沿着铁轨绕圈的电车（图 2-5）。

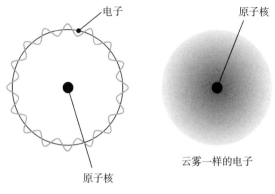

图 2-5　电子的存在形式

但其实，如果根据波粒二象性对这个模型加以改进，它就会变成右图的样子。电子以波的形式存在于原子核周围，就像是一片云，看起来雾蒙蒙的。

很多人都以为，电子会像左图里画的那样一边上下波动一边绕圈。这显然是错误的认知。实际上，我们无法确定电子到底在什么位置，就像右图里画的那样。但是，一旦我们对这片雾蒙蒙的地方进行观测，电子云就会瞬间消散，仅作为一个粒子态的电子就会出现在某一个地方。因此，只有把这两幅图结合在一起看，才能更准确地了解电子的样子。唉，不知道这么说能不能让大家理解。总之，这就是量子力学。

和不确定性原理类似，这个公式也关系到量子力学的根基。

"一切的一切，既是粒子，又是波。"这简直就像一句优美的诗。

与这个公式相关的未来科技有量子计算机和量子隐形传态，它们的运作原理都利用了物质兼具粒子性和波动性这一点。如果这两项技术有朝一日得到普及，那我们所有人都将受益于这个公式。量子隐形传态技术可以让科幻电影中的瞬间传送装置成为现实，然而目前我们能传送的东西大小还仅限于原子尺度。

美国国家航空航天局（NASA）也在研究量子传送。根据新闻报道，他们已经成功把光子的量子态传送到了几十千米之外。在未来，这类技术很可能会取得突破性的进展，而我们的生活也可能会发生翻天覆地的变化。到那时，我们就真的是生活在科幻世界了！

传给薛定谔的接力棒

德布罗意出生在贵族家庭。他的家族中名人辈出，其中甚至有人当过法国首相，属于名副其实的名门望族。从军参加第一次世界大战的时候，德布罗意还曾当过无线电技术员。虽然可能并非出于本意，但他的姿态和神情总是会给人一种悠然自得的感觉。1905 年，爱因斯坦对光电效应做出了解释，提出"光不仅是波，还是一种叫作光子的粒子"——这正是德布罗意想法的原点。

后来，德布罗意上了大学。在他将这个公式写进博士论文并公布于世的前一年，康普顿效应被发现了。康普顿效应是 X 射线穿过电子云时发生散射的现象，它为光子假说提供了有力的支持。

由此，德布罗意做了一个逆向联想：反过来，电子会不会也具有波动性呢？正是这个超级大胆的"反过来"，为后来薛定谔提出的波动力学拉开了序幕。

字母最少的公式，居然让世界发生了这么大的改变，这简直就是奇迹！作为少女偶像的话，她大概会被各大综艺节目竞相争抢吧。

最后我想对本书的"粉丝"朋友们说：

只用三个字母就能改变世界。三,二,一，变！

4
半死半活的猫
薛定谔方程

公式

$$\mathrm{i}\frac{h}{2\pi}\frac{\partial}{\partial t}\psi = \left(-\frac{h^2}{8\pi^2 m}\nabla^2 + V\right)\psi \quad ①$$

读法

i 乘二 π（pi，派）分之 h partial ψ（psi，普西）比 partial t 等于括号负八 π（pi，派）的平方 m 分之 h 的平方 ∇（nabla，那布拉）的平方加 V 括号结束 ψ（psi，普西）。

来试着抄写一下吧

$$\mathrm{i}\frac{h}{2\pi}\frac{\partial}{\partial t}\psi = \left(-\frac{h^2}{8\pi^2 m}\nabla^2 + V\right)\psi$$

近代物理学的大门就此打开！

---

① 这个公式通常使用约化普朗克常数，写作：
$$\mathrm{i}\hbar\frac{\partial}{\partial t}\psi = \left(-\frac{\hbar^2}{2m}\nabla^2 + V\right)\psi。$$

由概率论决定的未来

在量子力学的诸多公式中，薛定谔方程位居中心。薛定谔的名字也因为经常和猫一起出现在电视上而广为人知（图2-6）。

把猫放进一个有50%概率会放出毒气的箱子，
在观测之前，猫的生死始终处于不确定的状态。

图2-6　思想实验"薛定谔的猫"

虽然在形态上有所差别，但这个公式依然具有波动方程的性质，因此其中的ψ被称为波函数。起初，可能就连薛定谔自己也没想到，这个公式会打开通往新领域的大门。在德布罗意物质波理论的影响下，薛定谔把波动力学定义为一种新的力学，而这正是人们研究量子世界的第一步。现在，当我们回过头来重新审视自然界，会发现所有的现象中有一部分可以用经典力学来解释，还有一部分则要用量子力学来解释。那个奇妙的、与我们的直观感觉相反的世界，才是这部分世界的真实面貌。

下面简单讲解一下这个公式。首先，h 就是之前提到的普朗克常数，它是量子世界的基准。由于这个常数的存在，能量的数值会一份一份地发生变化，粒子的位置变得难以确定，同时粒子还兼有了波的性质……量子力学由此延展开来。

通览整个公式，左边表示的是 ψ 在下一时刻会如何变化。虽说 ψ 被称为波函数，但薛定谔并没有告诉我们它到底是个什么东西。在表示随时间的变化时，它甚至还乘上了神奇的虚数 i —— ψ 连实数都不是！再看右边，括号里的部分大致可以理解为能量，它决定了微观世界里的基本粒子在下一时刻会如何运动。

在量子力学出现之前，人们认为物体的位置随时间的变化是可以预测的。只要认真分析物体的受力情况，把所有现实中的因素都纳入考量，就能确定物体将会如何运动。这个观点也叫决定论。

然而与之相对，在量子力学中，人们无法预测一个粒子下一时刻会在哪里，最多只能说它有多大的概率会出现在哪里。也就是说，这个公式意味着"未来是以概率论的方式决定的"。如果要预测的是人类的行为，这么说好像还挺有道理的。但现在，我们的研究对象是电子、原子这些没有自我意识的物体。由此可见，"不确定"才是物体的本质。

前面我们介绍到了"拉普拉斯妖"，它代表的就是决定论式的未来。在量子力学出现之前，只要我们找对了公式，就能通过它预测物体未来的运动轨迹。换句话说，万事万物的未来都可以被一只全知全能的妖精准确预知。然而由于量子力学的出现，我们知道即便是没有自我意识的物质，其运动轨迹也无法被准确预知。

波函数 ψ 也有其他的表达形式，比如右边带尖括号的右矢（图 2-7，a 式）。与之对应，还有一个左边带尖括号的左矢（图 2-7，b 式）。从历史上看，这个表示方法应该是狄拉克想出来的，但这样命名的原因还无从得知，反正专业术语里经常会出现一些奇奇怪怪的词汇。总之，右矢和左矢相乘后才是一个整体（图 2-7，c 式）。

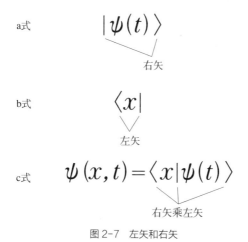

a式

$$|\psi(t)\rangle$$

右矢

b式

$$\langle x|$$

左矢

c式

$$\psi(x,t)=\langle x|\psi(t)\rangle$$

右矢乘左矢

图 2-7　左矢和右矢

如果我们想知道一个粒子在哪里，就需要在 a 式的左边乘上 b 式。用物理学术语来说，就是"右矢波函数左乘左矢"。

这是纯粹的物理学术语，大家不需要过分纠结。

最终，右矢和左矢合二为一，形成了具有"以某种概率存在于某处"这层意思的 c 式。通常，人们会对这个式子进行平方来计算出现概率。因为在平方以后，包含虚数的复数部分也能计算出实数数值。从这个意义上看，ψ 是一个和概率振幅[①]有关的波函数。

"以某种概率存在"这一结论，在著名的"薛定谔的猫"假说中也有体现。在这个假说里，猫能够以"半死半活"的状态存在。会对这么诡异的猫咪感兴趣的公式偶像，大概就只有薛定谔方程了吧。

这一公式还包含着尚未解决的谜团——量子力学的概率解释[②]。即便是精通量子力学的物理学家，大概也无法彻底理解量子力学深奥的内涵。

---

① 波函数本身并不是概率，而是概率振幅，因为它是一个复数。概率振幅的平方才是粒子处于某个状态的概率。

② 量子力学的概率解释与经典物理的概率解释有所不同。在经典物理中，概率是由我们对系统的不确定性导致的，而在量子力学中，概率是由波函数本身的不确定性导致的。

现在，我们仅仅是能够通过公式，计算出基本粒子的运动模式。然而，在舞台的背后究竟发生了什么？这个终极问题的答案我们还未尝可知。

虽然深藏不露的量子力学依然戴着神秘的面纱，但大家只需要了解到这里就足够了。你越是想要凭直观感觉去理解它，就越会陷入泥潭。这就是量子力学。

拉开量子力学的大幕

无须多言，这个公式的魅力就在于它拉开了量子力学的大幕。虽说把它背下来的确很难，但它真的值得一背。因为这个公式描述的，是物质本质的一个侧面——占据了"半个世界"的波。德布罗意关系告诉我们物质既是粒子又是波，这句话虽然听起来很简单，实际上却意义重大。如果有人想要征服世界，那么这个公式将会帮他征服"一半的世界"。所以，请你立刻把它背下来（笑）。

在现实生活中，几乎所有的电子设备都用到了根据量子力学制作出的半导体。当然，最初那几个科学家在研究量子力学的时候，并没有想到未来会发生这种事情。可以说如果没有这个公式，就没有我们今天的智能生活。

此外，化学系的学生也必须要学薛定谔方程。恐怕大多数的学生在还没理解量子力学的时候，就已经在用这个公式解决化学问题了。物理系的学生则会被要求先用薛定谔方程求解氢原子模型，而这个过程至少需要耗费好几页草稿纸。现实生活中那些被我们用作药剂的化学物质，就是由多个类似的复杂粒子组合而成的。

很多从事新药研发、化学物质合成等先进研究的化学家，都会把薛定谔方程纳入实际应用，通过模型计算去解析原子和分子的状态。

比如，新冠疫苗就是一个备受瞩目的重大研究课题。通常来讲，研发新药需要大量的资金和时间。这个过程中最关键的任务，就是要在尽量减少试错次数的同时，判断出需要对化合物的哪个部位进行哪种变动。所谓新药，往往就是对既有药物的某些部位进行变动后的产物。有了这个公式，人们就可以通过计算，对不同结构下药物新部位的分子结合性进行预测。这在研发新药的过程中是一个非常重要的步骤。

化学家们会以薛定谔方程为基础来分析化合物的结构，因此可以说，薛定谔方程在暗中为你提供着"药物上的支持"。

同时被物理学和女人青睐的男人

图 2-8　年轻时的薛定谔

薛定谔（图 2-8）是在 1926 年把这个公式作为波动力学方程发表于世的。在该领域的黎明期，很多物理学家都致力于把这个公式转变为更完美的形态。他们热情高涨，认为一扇通往全新物理学领域的大门即将打开。提出了矩阵力学的海森堡就是其中一人。

就结果而言，薛定谔的理论和海森堡的理论都十分重要，而他们两人也分别在不同的年份获得了诺贝尔物理学奖。1932 年海森堡率先获奖，1933 年薛定谔和狄拉克获奖。自此，黎明期的量子力学拥有了较为完整的形态。

在最早期投身于这一领域的，还有丹麦物理学家玻尔。他发现卢瑟福原子模型有所欠缺，于是提出了玻尔原子模型，并于 1922 年获得了诺贝尔奖。

现在中学物理学习的原子模型虽然并不标准，但却在某种程度上契合了玻尔原子模型。顺便一提，玻尔的儿子也走上了物理学的道路，并在 1975 年获得了诺贝尔奖。真是了不起的父子俩！

关于玻尔原子模型，在这里我就不详细介绍了。简单来说，这个模型把"电子为什么不会落入原子核"这个问题纳入了考量。在涉及麦克斯韦方程组的电磁学部分，我们还会再次谈到这个问题。玻尔想到了一个重要的假说——普朗克的量子假说。普朗克在论文中引入了一个限定微观粒子能量的普朗克常数 h，而玻尔正是用普朗克常数构建了氢原子模型。后来，又有两个天才以玻尔原子模型为基础推导出重要的公式，促成了量子力学的诞生，他们就是薛定谔和狄拉克。

薛定谔提出了具有革命意义的公式，开辟了量子力学这片新天地。与此同时，他平时的生活也相当充实。我在网上查到了他的照片，他长得虽然算不上英俊，但却有着立体的五官和略带倦意的迷人双眼。

除了物理学，薛定谔对东方哲学也很感兴趣。印度教的吠檀多哲学[①] 对他影响很深。他曾在著作《心灵和物质》（ *Mind and Matter* ）中表示，量子力学的最底层也蕴含着东方哲学的诸多原理。而在著作《生命是什么？》（ *What Is Life?* ）中，他又将生物学和物理学这两门相去甚远的学科联系在了一起。由此可见，薛定谔是一个兴趣广泛、充满人格魅力的人。

---

① 印度哲学史上占统治地位的唯心主义哲学派别。

不知道是不是出于这个原因，薛定谔的女人缘一直很好。或许他就像文学家太宰治那样，有着什么让众多女性为之倾倒的地方。

不过，由于教育者更希望学生相信科学家都是好人，所以科学家们的"八卦"并没有被曝光很多。但试想一下，好奇心那么旺盛的科学家们，怎么可能只被公式吸引呢？我反倒觉得，生活里的他们更加真实潇洒。如果你也迷恋上了独具魅力的薛定谔，就请再看一眼他的照片吧。

最后我想对本书的"粉丝"朋友们说：

记得找找这个公式里的 h，它就是量子力学的奥秘所在！

5
揭示基本粒子的自旋属性
狄拉克方程

公式

$$i\gamma^{\mu}\partial_{\mu}\psi = m\psi ^{①}$$

读法

iγ（gamma，伽马）μ（mu，谬）partial μ（mu，谬）ψ（psi，普西）等于 $m\psi$（psi，普西）。

来试着抄写一下吧

$$i\gamma^{\mu}\partial_{\mu}\psi = m\psi$$

ψ 可以描述世界上所有的费米子。

---

① 需要注明的是，这里的狄拉克方程与本书其他公式（比如上文的薛定谔方程）不同，采用的是 $\hbar = c = 1$ 的自然单位制。

用量子力学来表示"场"

狄拉克方程的提出者是与薛定谔同年获得诺贝尔奖的英国物理学家狄拉克，他为量子力学的建立做出了重大贡献。

如果说薛定谔方程是量子力学初期的完成形态，那么这个公式就是迈向量子力学后期——量子场论的第一步。所谓量子场论，就是用探讨粒子和波的量子力学，来表示第一章中的"场"（舞台），详细内容这里暂且不谈。总之，见到了狄拉克方程，我们就离最终目标不远了。这一路跌跌撞撞的攀登，终于也要迎来它的尾声了。

γ 叫作伽马矩阵，是一个 4×4 的矩阵。因此，波函数 ψ 也由四个分量组成，它的形式类似于爱因斯坦方程中的 $G_{\mu\nu}$。在这里，ψ 描述的是费米子。

这个公式里的 m 代表基本粒子的质量。虽说这个公式可以由薛定谔方程变换而来，但它却比薛定谔方程更能体现出基本粒子的特性。

这个公式还有别的表达形式（图 2-9）。图中是省略了伽马矩阵和微分部分的狄拉克方程，书写时通常会用到"斜线"这个符号。简化到这种程度以后，背下它就变得很容易了。如果你能默写出这个公式，一定会显得相当专业。

$$(\mathrm{i}\not\partial - m)\,\psi = 0$$

基本粒子的质量

图 2-9　简化后的狄拉克方程

第二章开头的标准模型公式里也用到了"斜线"符号，你可以翻回去看一下。

半导体的基础

这个公式的魅力，在于它体现了基本粒子特有的性质——自旋。就像行星会自转那样，基本粒子也会旋转。然而这个说法其实不太好，因为它很容易让人误以为基本粒子都是球形的，且旋转方式可以简单地类比于行星。我在前面就提醒过大家，量子力学并不像我们想象的那么简单。

从量子力学的角度来看，基本粒子既是一个点，又是一团扩散开的云状物，即它同时拥有粒子性和波动性。因此，我们不能简单地用"球体自转"来描述自旋。如果要准确描述自旋，我们需要引入角动量①这个物理学术语。只有在描述自旋时，角动量才会作为一个"量子化"的特殊量出现。因此，还是直接说自旋是基本粒子的固有性质最为准确。在同一能级上，费米子的自旋状态只分为"上"和"下"两种。自旋是有数值的，+1/2 表示上旋，–1/2 表示下旋。如果同一个能级的两个基本粒子以相同的状态自旋，就会违背泡利不相容原理，因此是不可能的。如此特殊的性质，仅用球体的自转来描述的话，未免有些太过牵强。

　　总之，这个公式揭示了基本粒子新的性质。在中学的化学课上，当我们学到元素周期表的时候，会接触到原子的核外电子排布。K 层、L 层、M 层……由内至外，电子能存在的位置是固定好的。氢原子的 K 层只有一个电子，氦原子则需要 K 层有两个电子才能保持稳定。考虑到自旋的自由度，即便是只有一个电子的氢原子，也会因为不同的电子自旋状态而被分成两类。

　　氢原子内自旋跃迁和氢原子的超精细结构②就与之有

---

① 描述物体转动状态的矢量。如果质点的质量为 m，速度为 $\vec{v}$，它关于 O 点的矢径为 $\vec{r}$，则质点对 O 点的角动量 $\vec{L}=m\vec{r}\times\vec{v}$（其中的乘号表示"叉乘"）。

② 用分辨率很高的光谱学方法研究原子光谱时，可以发现许多原子光谱线由多条线构成，呈现出非常精细的结构，这种结构被称为超精细结构。

关。1972 年发射的先驱者 10 号行星探测器携带了一块镀金
铝板，上面就刻着氢原子内自旋跃迁图，其目的是向外星人
介绍地球上的长度单位。看不懂这一信息就无法解读唱片，
所以只有具备高等智慧的外星人才会注意到它。

现在所有的电子设备都会用到半导体，而半导体的理
论基础正是电子的量子运动。狄拉克方程及其与电磁场结合
后衍生出的公式描述的就是这种运动。根据公式计算，人们
发现在硅等物质的结晶体中，电子的流动会受到带隙 ① 的限
制。也就是说，我们可以通过从外界施加能量，将电子由无
法流动的状态激发至可以流动的状态。这类材料的性质介于
导体（比如电子能自由流动的金属）和绝缘体（比如橡胶）
之间，因此叫作半导体。

把这些知识综合利用起来，人们做出了只能单向导电
的二极管，和具有电流放大作用的晶体管。这两种元件是制
作微型、复杂且实用的电路的关键。大量半导体元件连接在
一起形成的电路叫作集成电路，它在很多电子设备中都有应
用。狄拉克肯定做梦也没想到，他的公式会对未来的科学技
术产生这么深远的影响。

---

① 导带（由自由电子形成的能量空间）的最低点和价带（由已充满电
子的原子轨道能级所形成的能量空间）的最高点的能量之差。

座右铭：物理定律应有数学之美

狄拉克方程诞生的过程颇具学术意趣。

最初，薛定谔方程讨论的都是速度远低于光速的粒子运动。为了描述基本粒子在接近光速时的运动状态，人们开始考虑将薛定谔方程"相对论化"，由此诞生了克莱因-戈登方程。薛定谔方程中包含两次空间微分，但时间微分却只有一次，而克莱因-戈登方程则把时间微分也改为两次。由于相对论对时间和空间不做区别对待，改良后的公式可以满足狭义相对论的要求。然而，克莱因-戈登方程却无法反映出基本粒子自旋的特性。因此，狄拉克（图2-10）想要尝试将这个二阶微分方程，改进为时间和空间都只需做一次微分的形态。至于狄拉克为什么执着于这种形态，虽然也有着学术上的理由，但更多的是因为他对美的追求。在他的座右铭中，有一条就是"物理定律应有数学之美"。

图2-10　狄拉克
（由诺贝尔基金会拍摄）

为了从数学上改进薛定谔方程，狄拉克进行了一番摸索。最后，他终于找到了这个公式，那就是狄拉克方程。

就结果而言，这个公式可以很自然地推导出粒子的自旋。不仅如此，能量为负的反粒子也是由它推导出来的。为此，狄拉克引入了"狄拉克之海"的概念，并指出真空正是由这种能量为负的粒子填满的。

动漫《新世纪福音战士》里的主角也被抓进过一个叫"狄拉克之海"的地方。人们现在已经不怎么使用"狄拉克之海"这个概念了，它因量子场论的完成而沦为历史。

后来，人们发现正电子其实就是一种反粒子。这种由公式推导出来的粒子，居然一下子在现实世界里出现了！公式有时会不顾提出者的意愿，独自讲述世界的真理。关于这一点，大家现在应该有所体会了吧。

狄拉克方程描述的是未与电磁场结合的自由电子的运动状态，相关的研究通过进一步发展就成为量子电动力学。为这一领域做出贡献的有费曼、施温格和朝永振一郎，他们共同获得了 1965 年的诺贝尔物理学奖。量子力学就这样，向着更高级的量子场论一步步发展下去。

相比于薛定谔和费曼，狄拉克可以说是个性格内向的学者。下面为大家介绍一则费曼与狄拉克见面时发生的趣事。

狄拉克第一次到美国拜访费曼的时候，两个人见面后一句话也没说，面对面沉默了很久。最后，狄拉克终于慢吞吞地开口说道：

"我今天带来了一个公式……"

就好像他要从怀里掏出什么金贵的宝物似的。或许对他来说，日常的寒暄都无关紧要，自己带来的公式才是真正有价值的东西。

如果要把狄拉克方程比喻成少女偶像的话，她应该是一位有着异次元容貌的美少女。

最后我想对本书的"粉丝"朋友们说：

公式不美，就当不了偶像！

6
再次登场
标准模型公式

公式

$$-g_1\,\bar{\psi}\not{B}\psi-\frac{1}{4}B^{\mu\nu}B_{\mu\nu}\qquad-g_2\,\bar{\psi}\not{G}\psi-\frac{1}{4}G^{\mu\nu}G_{\mu\nu}$$

电磁力   强相互作用力

$$-g_3\,\bar{\psi}\not{W}\psi-\frac{1}{4}W^{\mu\nu}W_{\mu\nu}+\frac{1}{16\pi G}(R-\Lambda)\;^{①}$$

弱相互作用力   万有引力

读法

负 g 一 $\bar{\psi}$（普西拔）$\not{B}$（B 斜线）ψ（psi，普西）减四分之一 $B\mu$（mu，谬）ν（nu，纽）$B\mu$（mu，谬）ν（nu，纽）；

负 g 二 $\bar{\psi}$（普西拔）$\not{G}$（G 斜线）ψ（psi，普西）减四分之一 $G\mu$（mu，谬）ν（nu，纽）$G\mu$（mu，谬）ν（nu，纽）；

---

① 原作者为了方便不熟悉公式的读者理解，将原标准模型公式作了修改，使之具有本书中的形式。这里的公式仅具有示意的作用，不代表理论物理研究中真实使用的公式。

　　负 g 三 $\bar{\psi}$（普西拔）W（W 斜线）ψ（psi，普西）减四分之一 $W\mu$（mu，谬）ν（nu，纽）$W\mu$（mu，谬）ν（nu，纽）；

　　正 十 六 π（pi，派）G 分 之 一 括 号 R 减 Λ（lambda，拉姆达）括号结束。

来试着抄写一下吧

$$-g_1\,\bar{\psi}\,\rlap{/}B\,\psi - \frac{1}{4}B^{\mu\nu}B_{\mu\nu} - g_2\,\bar{\psi}\,\rlap{/}G\,\psi - \frac{1}{4}G^{\mu\nu}G_{\mu\nu}$$

$$-g_3\,\bar{\psi}\,\rlap{/}W\,\psi - \frac{1}{4}W^{\mu\nu}W_{\mu\nu} + \frac{1}{16}\,\frac{1}{G}(R-\Lambda)$$

证实了"我们的存在"

我在第二章的开头就介绍过这个公式，现在让我们再来温习一遍。它描述的是自然界中的四种基本力。从表达形式上看，我们会发现与基本粒子相关的三种力（电磁力、强相互作用力、弱相互作用力）非常相似，唯一的不同仅仅是替换了公式中的字母而已。

第一部分的电磁力中，B 代表光子。第二部分的强相互作用力中，G 代表胶子。第三部分的弱相互作用力中，W 代表 W 玻色子和 Z 玻色子。它们都是用于传递力的媒介粒子且是实际存在的。这三部分每个都有两项，前面的第一项对应着运动方程，后面的第二项则对应着场方程。

不过，这个公式现在只是一些拉格朗日量的罗列，只有对它进行变分操作，才能让它展现出真正的物理意义。换句话说，这个公式只是正式上菜前的一份菜单。详细内容这里略去不谈，大家只要知道这个公式的四个部分分别对应着四种力，我的目的就达到了。

在公式里只有万有引力的样子与众不同，这是因为我们至今还不知道有没有传递万有引力的媒介粒子。目前这个公式的表达形式，已经是能够描述现实的最简洁的形式了。公式第四部分的最后有一个 Λ，这是爱因斯坦方程里的宇宙学常数。从目前的观测结果上看，我们基本可以确定宇宙学常数的存在，所以人们把它也引入了这个公式。至此，这个公式集结了人类目前的全部智慧。

除万有引力以外的其他三种力在标准模型公式里已基本实现统一，它们那整齐划一的表达形式就是最有力的证明。因此，这是一个集现代物理学最高成就于一身的公式。

现在，我想请大家欣赏一下描述自然界四种基本力的人类智慧的结晶。如果只能给后人留下一个公式，我想大多数物理学家都会选择这个公式。不知道大家是否也能领略这山顶上的绝美景色呢？

由于主导整个世界的四种力都被囊括在了这个公式里，因此可以说，你此刻能够出现在这里，与这个公式的存在息息相关。公式里的耦合常数[①]g_1、g_2、g_3和G分别决定了每一种力的强度，它们的数值只要改变一点点，原子就无法存在。而你，当然也就不会存在。

虽然这么说有点哲学诡辩的意味，但这个公式确实证明了"你存在于这个世界上"的事实。

在这里需要强调一下，这个公式并不是由某一位学者提出的。公式里万有引力部分的提出者是爱因斯坦，而量子力学部分则是经过了从狄拉克方程到量子场论的漫长发展才最

---

① 表征相互作用强度的参数。

终成型的。正因如此，这个公式才会如此优美简洁，在某种意义上达到了极致。

　　日本广播协会（NHK）的特别节目《上帝公式》中，制作方在除万有引力以外的三种力之上，又加入了希格斯玻色子的相关公式，并把最后得到的公式命名为"上帝公式"。希格斯玻色子是为基本粒子提供质量的粒子，算上它以后公式的长度会再增加几行，因此本书中省略了这一部分。这档节目可以让不那么了解公式的人都看得津津有味，你如果感兴趣的话也可以找来看看。

最后我想对本书的"粉丝"朋友们说：

看，全宇宙的"食谱"都聚集在这里了！

7
人类即将触及的极限世界
普朗克长度

公式

$$l_\mathrm{p} = \sqrt{\dfrac{\hbar G}{c^3}}$$

读法

$l\mathrm{p}$ 等于根号 c 的三次方分之 $\hbar$（ h 拔 ）G。

来试着抄写一下吧

$$l_\mathrm{p} = \sqrt{\dfrac{\hbar G}{c^3}}$$

注意了，物理常数的全明星阵容集结于此！

世界上最小的长度单位

从现在起，我要为大家简单介绍一下人类即将触及的终极物理世界。

物理常数在物理学的各个领域都会普遍出现。比如万有引力常数 G，它的大小只要改变一点点，万有引力的强度就会改变。光速 c 和量子力学里的普朗克常数 h 也一样，它们的数值只要与现在稍有不同，整个世界的结构都将彻底改变。这些物理量就是如此重要，它们关乎世界的根基。

量子力学和相对论是现代物理学的两大支柱，而以上三个物理常数相当于它们的基本框架。当我们把这三个常数组合在一起，一个长度就会应运而生，那就是普朗克长度 l_p。这里的 h 被替换成了一个名叫 "h 拔" 的符号，它是 h 除以 2π 后的数值，也叫约化普朗克常数或狄拉克常数。普朗克长度大约为 10^{-35} 米，是现代物理学中具有意义的最小长度单位。人们通常认为，宇宙是通过一种叫作暴胀的方式极速膨胀的，而宇宙最初也只有几个普朗克长度那么大。现代物理学还无法研究小于普朗克长度的物体，因此这个长度可以说是一个极限长度。目前最小的基本粒子夸克的直径大约是 10^{-18} 米。普朗克长度是一个多小的长度，大家现在应该有点概念了吧！在这个尺度下进行物理研究，正是现代物理学今后努力的方向之一。登顶一座山峰后，远处又出现了一座更高的山峰。对于志存高远的物理学家来说，那座山峰就像世界最高的珠穆朗玛峰一样充满诱惑。然而，通往那座山峰的道路必然极其曲折。如果我们成功抵达了那个终极世界，自然界的四种力就有可能实现统一。

当然，四种力目前还没有被统一。或许当万有引力和量子力学被统一为一种新的力学，我们就可以通过这种力学，来预测在普朗克长度这一尺度下的世界会发生什么。现在，大家只需要知道普朗克长度是一个有待今后探索的未知领域就可以了。

将三个物理常数以其他的方式组合，我们还可以得到普朗克质量和普朗克时间，即普朗克长度的"质量版本"和"时间版本"。普朗克质量其实并没有很小，大约为 10^8 千克，而夸克的质量约为 10^{-29} 千克[①]。普朗克时间则与普朗克长度一样，被认为是现代物理学中具有意义的最小时间单位，约为 10^{-43} 秒。看似连续的时间也存在最小单位吗？这也是一个有待解决的终极课题。

这个公式的魅力在于，它同时包含了关乎世间万物的三大常数。第四章里我们会提到欧拉恒等式，它同时包含了 π、e 和 1 这三大常数[②]。如果把普朗克长度公式中的三个物理常数想象成演艺界的北野武、塔摩利和明石家秋刀鱼，

---

① 对于夸克这样的基本粒子，一般用电子伏特（eV）而非千克（kg）表示它的质量。这里的质量是使用公式 $E=mc^2$ 计算折合的。

② 一般最常见的说法是欧拉恒等式含有五大常数：π、e、i、1、0。

那它们无疑可以并称为"三大天王"。只不过,这"三大天王"展现给我们的并不是"大",而是一个最小的长度。

把公式贴在桌上进行研究的学者

普朗克常数的符号 h 里虽然没有留下普朗克的名字,但普朗克长度的符号 l_p 中却保留了他名字的首字母。目前很多研究者都在寻找大统一理论,其中一种可能正确的理论叫圈量子引力理论。据说,这一理论的主要研究者罗威利将一张写着普朗克长度的纸贴在书桌上时常盯着它看,并且每天都反复自问:"这个尺度下的世界究竟是什么样子?"大家也不妨把普朗克长度写下来试试,没准只是盯着它看一会儿,就能受到什么启发呢!

最后我想对本书的"粉丝"朋友们说:

全明星阵容的"顶级写真"现已开售!

第三章

光的相关公式

欢迎来到"光的世界"

宇宙是一个恒星做主角的世界，我们之所以能知道它们的存在，就是因为它们在发光。如果宇宙空间里没有光，我们就会生活在一片漆黑之中。有了光，来自数亿年前的信息才能穿越时空传到我们身边，让我们认识宇宙。因此，光可以说是传递宇宙信息的信使。

爱因斯坦的狭义相对论，描述的就是"光眼中的世界"。他总是站在光的立场上想问题，最后在脑海中描绘出一幅"唯光独尊"的世界图景。然而这并不是空想，那幅图景正真真切切地在宇宙这个宏大的舞台上上演。在相对论中，光占据了非常重要的地位。

与相对论联系最紧密的领域是电磁学。静电会带来电场，磁铁会带来磁场，与这两者相关的所有现象，都是这两个领域的研究对象。

与万有引力一样，我们身边的很多现象都能用电磁学理论来解释，例如衣服摩擦起电，以及现在正照亮着我们房间的电灯等。由于光与电磁学的联系十分密切，所以我将在第三章"光的相关公式"这一主题下，向大家介绍狭义相对论和电磁学的相关理论。

　　这个偶像团体的特色应该就是"发光体质"吧。团体里的成员能以超高的速度移动，她们的运动神经一定都很发达。不仅如此，她们也不像第一章里与宇宙相关的公式那样离我们很遥远，而是一直就陪伴在我们身边，让人感觉十分亲切。作为"流量明星"，她们有的出演电视剧，有的活跃于剧院舞台，真是一个多才多艺的偶像团体啊！

狭义相对论

时间会变慢、长度会缩短的"光的世界"

狭义相对论描述的是物体接近光速运动时的世界。在此前的经典力学中，研究对象的运动速度都远远小于光速，最多也就是达到火箭的速度而已。那时人们认为，光是不能用一般物体运动的规律去解释的，因此也没有人去想，如果物体像光一样运动会发生什么。然而年轻的爱因斯坦非常在意这个问题。为了弄清物体接近光速运动时会发生什么，他不断地做着思想实验。

如果电车以光速行驶，那么电车里的人打开手电筒时，手电筒发出的光会达到两倍光速吗？爱因斯坦一直都沉浸在这种"如果那么"式的思考中。如果处在牛顿那个时代，人们或许会嘲笑他的这种想法很愚蠢。

然而人们后来了解到，爱因斯坦脑海中的世界才是宇宙最真实的样子。光是宇宙的"主宰"，如果不了解光的本质，人类就无法理解这个宇宙。

看似离谱的想法，最后反而会成为人们了解世界的途径。相对论的构建便是一个很好的例证，它让我们一步一步地看到了"光眼中的世界"是什么样子。

爱因斯坦带给我们的，不仅仅是一个时间会变慢、长度会缩短的奇异世界，更是一场世界观的巨大变革——原来那个反直观的世界才是物理学的本质！这可以说是一场奇迹般的物理革命。

1905 年在物理学界被称为"奇迹之年"。然而放眼整个宇宙，这场革命或许只是文明发展必经之路上的一小步。相对论并非只适用于地球，因此和我们处在同一片宇宙的外星人也能理解它。

虽然说相对论描述的基本都是速度接近光速的物体运动，但其实，就算是速度远远小于光速的物体运动，也能用这个理论来准确描述。那么是不是说，我们已经不需要经典力学了呢？答案是否定的。在研究日常生活中的运动时，还是用经典力学更方便，用相对论则相当于是在绕远路。因此，经典力学和相对论都是很重要的理论。相对论就像是一把瑞士军刀，虽然功能强大，但如果只是吃饭用的话，还是直接用刀叉更方便。

狭义相对论成立的必要条件是：物体处在惯性参考系中运动。只要满足这个条件，狭义相对论就适用于所有物体。因此可以说，狭义相对论是我们日常生活的一部分。当然，只有在速度非常接近光速的时候，相对论才能发挥出它惊人的效果。现在，请你把后面几个公式里面的 v 想象得越来越接近 c，是不是感觉时间变得越来越慢了呢？

1
质量与能量的关系
相对论中的能量公式

公式

$$E = \frac{mc^2}{\sqrt{1 - \dfrac{v^2}{c^2}}} \simeq mc^2 + \frac{mv^2}{2} \quad [①]$$

读法

E 等于根号一减 c 的平方分之 v 的平方分之 mc 的平方。

来试着抄写一下吧

$$E = \frac{mc^2}{\sqrt{1 - \dfrac{v^2}{c^2}}} \simeq mc^2 + \frac{mv^2}{2}$$

让我们从更专业的角度，来欣赏这个著名的公式！

① "≃"表示渐近等于。

小小的质量蕴藏大大的能量

总的来说，爱因斯坦的相对论可以分成两部分，一部分是涉及万有引力的广义相对论，另一部分是描述光速运动的狭义相对论。

通常来讲，"狭义"意味着某种特殊情况。因此可能会有人认为，狭义相对论只能用来描述自然界中的部分现象。但其实在我们的生活中，狭义相对论比广义相对论更具有普遍性。

不过，狭义相对论的使用也有一定的限制，那就是物体所处环境的引力场需要是比较弱的，同时观察者需要处于惯性系。在引力场比较强的情况下，我们就该用广义相对论来解决问题了。

相对论里最出名的公式，大概就是 $E=mc^2$ 了吧。由于光速 c 的数值非常大，所以即便是质量很小的物体，也能释放出巨大的能量。这也是为什么原子弹仅通过微小的质量变化，就能让整座城市在一瞬间灰飞烟灭。

然而在专业人士看来，$E=mc^2$ 其实是个不完整的公式。它的完整版是我介绍给大家的样子，多出了一个带根号的分母，而 mc^2 只是其中比较好记的分子部分。我的这个公式才是最准确的狭义相对论中的能量公式。

当物体的速度 v 远小于光速 c 时，我们可以对这个公式进行变形（或者说求近似），它就会变成后半部分的样子。第一项是众所周知的 mc^2，也叫作质能，而第二项代表动能。当然，一个物体的能量还包含其他很多种类，但在物体运动速度十分缓慢的时候，我们只考虑这两种能量就足够了。

从 GPS 到核能发电

这个公式的魅力在于它描述了质量与能量的等价关系，因此这个公式也被称为"质量与能量的等价性公式"。在狭义相对论被提出之前，人们一听到能量就会想到动能，因为当时他们还不知道质量也是能量的一种形态。由此可见，狭义相对论是一项极其重要的理论。

目前，狭义相对论在很多场合下都发挥着作用，尤其是在半导体集成电路中。GPS 里的电波接收电路和定位系统电路都利用了这个理论来修正误差。

我在爱因斯坦方程部分提到的卫星发射的微波信号的位置误差，其实也需要通过广义相对论和狭义相对论来进行修正。虽然我们没有以接近光的速度移动，但发射信号的卫星会绕地球高速旋转。所以，这个公式一定会给我们的生活带来很多帮助。

当然，这个公式也给我们带来了一些无法预测的安全隐患。核能发电和原子弹爆炸这两者的原理基本相同，它们都是将原子核的质量转换为能量并加以利用。前些年，日本核电站发生了非常重大的安全事故[①]，给我们的生存环境造成了不小的影响。但不管怎么说，这个公式对人类还是很有帮助的。

物理学界的"奇迹之年"

1905 年，爱因斯坦将他的三大理论发表于世，因此这一年在物理学界被称为"奇迹之年"。为了纪念这一年，人们将 2005 年定为"世界物理年"，并在那一年举办了很多具有纪念性质的研讨会。那么，给物理学带来如此重大影响的三大理论都是什么呢？

第一大理论是我在量子力学部分提到过的对光电效应的解释，爱因斯坦就是凭借这一理论获得了诺贝尔奖。这个理论也极大地影响了第二章中提到的德布罗意，间接促成了量子力学的诞生。

---

① 2011 年 3 月 11 日，东日本大地震导致日本福岛第一核电站发生了严重的核泄漏事故。

第二大理论则是对布朗运动的解释，我会在第四章的热力学（熵增原理）部分讲到这一话题。爱因斯坦看透了分子热运动的本质，向非平衡态统计力学这一在现代物理学中依然艰深的课题迈出了第一步。

第三大理论就是狭义相对论。虽说相对论极其重要，但爱因斯坦并没有因此而再次获得诺贝尔奖。在爱因斯坦提出这一理论的过程中，一位名叫洛伦兹的数学家起到了关键性的作用。详细情况我会在后面为大家讲述。

最后我想对本书的"粉丝"朋友们说：

你竟然会写那个公式的完整版。好酷！

2
塑造光是铁律的世界
洛伦兹变换

公式

$$t' = \frac{1}{\sqrt{1-\dfrac{v^2}{c^2}}}\left(t - \frac{v}{c^2}x\right)$$

读法

t 撇等于根号一减 c 的平方分之 v 的平方分之一括号 t 减 c 的平方分之 vx 括号结束。

来试着抄写一下吧

$$t' = \frac{1}{\sqrt{1-\dfrac{v^2}{c^2}}}\left(t - \frac{v}{c^2}x\right)$$

尽情享受"光眼中的时间延迟"吧！

在爱因斯坦之前"发现"时空混合

这个公式表示的是接近光速移动的人和静止的人有着不同的时间流速。

假设有一列以超高速 v 行驶的电车，车上的人手表上的时间为 t'。另一个人站在月台上静止不动，他手表上的时间为 t。这个公式描述的，就是 t' 和 t 之间的关系。此时，电车上的人手表上的时间，与月台上的人所处的位置 x 有关。以过去的时空观念来看，这种事情是不可能的。电车上的人的时间怎么会随着月台上的人位置的变化而变化呢？然而相对论就是这么不可思议，在它的世界里，时间和空间是一体的。

洛伦兹变换最初是由荷兰数学家和物理学家洛伦兹提出来的。他之所以要提出这个公式，是因为电磁学里的麦克斯韦方程组在伽利略变换中会改变形态。所谓伽利略变换，用刚才的例子来说，就是一套把"在月台上静止不动的人"和"在一定速度移动的电车上的人"做比较的方法。无论"人在电车里还是电车外"，其电磁学性质都符合同样的规律，公式的表达形式按理说应该不会发生改变。于是，洛伦兹想要在不改变麦克斯韦方程组表达形式的前提下，对伽利略变换进行修正，而修正出来的结果就是洛伦兹变换。

如果洛伦兹秉持着过去的时空观念，把时间和空间当作两种不同的东西对待，那么他是不可能推导出洛伦兹变换的。只有将时间和空间视为一体并推导出洛伦兹变换以后，"电车内外两人"的电磁学性质才能用同一个公式来描述。

其实洛伦兹能做到这一点，很大程度上是因为当时对电磁学的研究已经迈入了光学领域的大门。现在我们都知道，光的本质是电磁波。然而在当时，理论还没有走到能证明光是电磁波的那一步，人们也只是感觉有什么地方不太对劲。而洛伦兹和他的变换公式，则是从数学上消除了人们的这种疑虑。

时间和空间是一体的？恐怕洛伦兹自己对这句话的理解也仅限于数学层面。否则，发现整个世界都遵循洛伦兹变换并提出狭义相对论的就不会是爱因斯坦，而是洛伦兹了。

狭义相对论的构建过程可真曲折啊！

如果把这个过程比作电视节目的话，它有点像是抢答类节目。

叮咚！

"好的，洛伦兹先生！"（主持人）

"唔……这个公式怎么样？我处理了大家不满意的部分……"

（话锋一转）

"呃，不过用它来做答案的话好像又有点……"（犹犹豫豫）

正在洛伦兹左右为难的时候——叮咚！

"爱因斯坦先生！"（主持人）

"这不就是'光的公式'嘛！"（自信）

"回答正确！"（主持人）

爱因斯坦把洛伦兹的正确答案给抢走了。

当然，爱因斯坦的功绩也不全是从别人那里抢来的。在建立完整的理论体系这一点上，他做出了巨大的贡献。但即便如此，洛伦兹也真的是太可惜了！虽然说他带来的节目效果一定很好。

用抢答类节目来比喻广义相对论的诞生过程应该也很有意思。

"** 是什么？"（主持人）

答题者全都陷入沉默。

"是不是有点难？提示是 Γ。"（主持人）

爱因斯坦脑中灵光一闪，抢答道：

"是局部平坦时空[①]！"他一边回答一边在心中自诩：不愧是聪明的我！

所谓平坦时空，就是引力场效应可忽略的时空。因为狭义相对论成立的前提条件，就是物体处于惯性系中。

---

① 平坦时空又叫平直时空。

而局部平坦时空，指的就是在某个有限的空间区域内，引力场效应可以忽略不计的时空。做自由落体运动的盒子内部就是一个等效于无重力的空间，因此它属于局部平坦时空。通常来讲，像行星那样巨大的物体会让时空发生弯曲，所有的东西都会受到万有引力。所以在现实世界中，"局部"这个限定条件是无法被去掉的。对于一个做自由落体运动的物体，我们无法直接使用狭义相对论来对它进行讨论。在这种情况下，我们就需要引入受引力（或者说弯曲）的时空来讨论问题。那就是我在第一章中介绍的万有引力的世界，即广义相对论探讨的内容。

沉浸在自己的世界里的爱因斯坦抬起眼睛一看，主持人的计时还在继续，刚才的回答好像不够充分。

"是局部平坦时空不错，所以，最终的万有引力理论是？"

叮咚！

"爱因斯坦先生！"

"广义相对论！"

沉默片刻后，主持人带着一脸坏笑，故意慢悠悠地确认道：

"这就是你最后的答案了吗？"

爱因斯坦感到十分困惑，于是说道：

"……我请求电话求助。"

他把电话打给了自己的好友格罗斯曼。

"想出弯曲时空的人不是你吗？怎么还要向我求助？"

"是我想出来的，可它实在是太难了……"

断断续续地沟通了一段时间后，格罗斯曼说出了一个数学家的名字。接着——

"来吧爱因斯坦先生，请你给出最后的答案。"（主持人）

这次爱因斯坦胸有成竹地说：

"使用黎曼几何的广义相对论！"

"回答——正确！"

听到这里，爱因斯坦立马吐出舌头，冲着摄像机竖起了大拇指（图 3-1）。

图 3-1　抢答——我的高光时刻
（由高水裕一绘）

虽然说相对论没有让他获得诺贝尔奖，但是在抢答节目中连续答对两道题，这应该能得到很多奖金吧！

洛伦兹变换还有别的写法，那就是把带根号的分数部分整体替换为 γ。由于这样书写更简单一些，所以人们通常会采用这种写法。γ 也叫洛伦兹因子，物体的速度越接近光速，它的值就会越大，因此它可以作为描述相对论效应显著程度的一个指标。

而由洛伦兹变换推导出的公式可以清晰地说明，相对于静止的参考系，接近光速移动的物体的时间会变慢，长度会缩短。

其实，我们就算将 v 设成光速的好几倍再代入洛伦兹变换，也依然能够计算出对应的相对论效应[①]。能够完美描绘出相对论的奇异世界，这大概就是这个公式的魅力所在吧！

求证者爱因斯坦

历史上，爱尔兰物理学家拉莫尔也对电磁学的相关问题进行过研究，而洛伦兹则是在 1904 年成功推导出洛伦兹变换的最初版本。接下来的 1905 年是"奇迹之年"，狭义相对论就是在这一年诞生的。如此看来，爱因斯坦与洛伦兹变换的相遇真的是一场巧合！

只不过，洛伦兹并没有从物理原理上解释为什么变换公式能够成立，是爱因斯坦替他完成了求证。在任何参考系中光速都不变的情况下，洛伦兹变换就能成立。因此，这个公式描述的是一个"光是铁律的世界"。

---

① 但此时这些物理量的值都会变成虚数。

接着，爱因斯坦提出了狭义相对论，并推导出著名的能量公式。如果没有洛伦兹在前面付出的努力，相对论也不可能在这么短的时间内被构建出来。

最后我想对本书的"粉丝"朋友们说：

光总是在慢——慢——地——凝视着你的脸哦！

3
光的"私人订制"空间
闵可夫斯基空间

公式

$$ds^2 = -c^2 dt^2 + dx^2 + dy^2 + dz^2$$

读法

ds 的平方等于负 c 的平方 dt 的平方加 dx 的平方加 dy 的平方加 dz 的平方。

来试着抄写一下吧

$$ds^2 = -c^2 dt^2 + dx^2 + dy^2 + dz^2$$

这就是"光眼中的世界"！

创造"时空"的概念

时间和空间合在一起叫作时空，而这个公式展现的正是狭义相对论中的时空。

德国数学家闵可夫斯基打造出的这个时空是光的"私人订制"空间，也叫闵可夫斯基空间。

在此之前，时间和空间是两个完全不同的概念，绝对不可能在公式中混为一谈。正如大家在图 3-2 中看到的那样，如果我们把时间和空间视作两种毫不相干的东西，光速就会因为观测者的运动发生改变，即我前面提到的光速行驶的电车上手电筒发出的光会变成两倍光速。

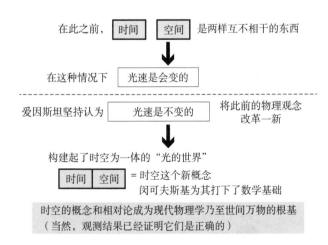

图 3-2 时间与空间的概念变化

爱因斯坦觉得这个结论有点奇怪[①]，于是他想出了光速不变原理，即光速对于任意观测者来说都保持不变。这个颠覆性的想法将爱因斯坦的大胆体现得淋漓尽致。在光速不变的前提下，所有的概念都将面临一次大变革。在这个全新的世界里，爱因斯坦把时间和空间视为一体，并推导出最终版的洛伦兹变换。

相对论的世界，简直就是一个对光绝对偏袒的世界。在这里，光速行驶的电车上手电筒发出的光的速度不会变成$2c$，而依然会是c。这就是洛伦兹变换向我们讲述的不可思议的事实。紧接着，相对论被构建了出来，第三章开头介绍的能量公式也应运而生。

如果把爱因斯坦的相对论比喻成一座建筑，那么洛伦兹变换就是它的顶梁柱，闵可夫斯基创造的时空概念就是它的地基。如果没有数学基础作为地基，修建在上层的理论也只是空谈。闵可夫斯基用数学为相对论的高楼打下了坚实的基础。

与前面提到的史瓦西解一样，闵可夫斯基空间也采用了类似勾股定理的形态，它表示的是四维时空中两点之间的距离。表示时间的部分前面有一个负号，这是因为时间和空间

[①] 爱因斯坦认为，由麦克斯韦方程组求出的光速值应该在所有惯性系中均相同，但这一结论与光速会因为光源的运动而改变矛盾。

的性质有所不同。与史瓦西解相比，闵可夫斯基空间显然简洁了许多。闵可夫斯基构建的这个时空，正是能让狭义相对论成立的时空。

而当我们引入万有引力，平坦时空就会变为弯曲时空。用数学语言来说，就是时空从闵可夫斯基空间变为黎曼空间。

我学习相对论那会儿，经常在课堂上听到一个有点怪的词——null[1]。

这个词虽然听上去黏黏糊糊的[2]，但却是个正儿八经的物理学术语。在给时空距离分类的时候，人们总是会说"这是类空的，这是类时的，这是 null。"如果用闵可夫斯基提出的时空距离来举例，那么 $ds^2=0$ 就是 null（图 3-3）。

$$ds^2 = 0$$

图 3-3　时空距离为 0 的表达式

日本人只要听过一次这个词的发音就不会忘记，因为那感觉就像是有一只黏黏糊糊的妖怪要从什么地方冒出来

---

[1]　该单词意为零值的，中文称该时空距离是类光的。

[2]　日语中"黏黏糊糊（ぬるぬる）"的发音和 null 相似。

一样。

这个表达式告诉我们：闵可夫斯基空间里的光速是永恒不变的！让我们假设在另一个参考系中，有一个以恒定速度 v' 移动的物体，那么它的时空距离应该满足 $ds^2=-c^2dt'^2+dx'^2+\cdots\cdots$虽说只是加了一撇，但一旦我们将 v' 设定为光速 c，ds^2 就会瞬间变为 0。换言之，无论在什么参考系下，以光速移动的物体总会达成 null，即时空距离为 0 的状态。据此，我们还可以推导出洛伦兹变换。

后来，爱因斯坦提出了等效原理，举例来说就是自由下落的物体内部等效于无重力空间，因此可以将这一局部视为等效的闵可夫斯基空间。这样一来，广义相对论和狭义相对论便很好地结合在了一起。虽然完全不受外力的空间只存在于非现实的理想世界，但只要在前面加上"局部"两个字，满足这个条件的空间就能在日常生活中找到了。

自由落体运动就是一个很好的例子。只要让物体自然下落，我们就可以轻易地制造出闵可夫斯基空间。在局部闵可夫斯基空间里，第一章的测地线方程右边的大写字母 Γ 会变成 0——这正是让爱因斯坦洋洋自得的"最幸福的想法"。

当你把 Γ 设为 0 的时候，请一定要大喊一声："null！"

物理学与数学不可思议的关联性

闵可夫斯基空间是在爱因斯坦提出了狭义相对论之后才被构建起来的，因此它可以说是一个专门为爱因斯坦打造的特殊空间。

物理学与数学之间的关系往往是相辅相成的。有时新的数学理论会率先出现，后来才被用作某个物理理论的基础。而有时，新的物理概念会被率先提出，相应的数学理论后来才会出现。相对论和闵可夫斯基空间的关系就属于后者。

1905 年，天才爱因斯坦让我们第一次看到了"光眼中的世界"，但它的数学基础还不够完备。因此在 1907 年，闵可夫斯基（图 3-4）用数学语言将时空这个概念描述了出来。

闵可夫斯基曾经这样描述自己当时激动的心情：

图 3-4　闵可夫斯基

"时空这个概念是多么优雅，多么具有创新性啊！有了它，过去那些只谈时间或只谈空间的理论都会变为时代的遗物。我得赶紧把闵可夫斯基空间送给爱因斯坦！"

最后一句话是我私自加进去的，如果要朗读的话，请你尽量让语气显得可爱一些。

类似的例子在量子力学领域也出现过。

量子力学也属于概念先行的物理理论，最开始它只有一个基础公式，而能够展开这个公式的数学空间——希尔伯特空间后来才得到完善。所以，这次是希尔伯特亲手制作了"告白巧克力"吗？虽然可能会辜负大家的期待，但这次的情况确实有所不同。

希尔伯特并不是特意为量子力学打造的希尔伯特空间。他只不过是对这个空间在数学上的一般性质感兴趣，所以才事先做了相关研究。

希尔伯特不光为量子力学做出过贡献，在傅里叶变换和偏微分方程等领域，希尔伯特空间也都得到了应用。

顺便一提，在标准模型公式的万有引力部分，拉格朗日量 R 也被称为爱因斯坦 - 希尔伯特作用量。正是希尔伯特在数学上做出的贡献，让他的名字留在了这个物理量的名称里。

爱因斯坦的广义相对论则是一个数学先行的例子。我在第一章中写到过，黎曼创立了弯曲时空下的几何学以后，广义相对论才得以完成。

就像这样，数学家和物理学家的研究曾经有过一段相辅相成、共同进步的历史时期。

最后我想对本书的"粉丝"朋友们说：

　　我是代表光速不变的闵可夫斯基空间，大家都叫我 null，请多关照！

　　参加握手会的"粉丝"必须要带巧克力，这可是规矩！

电磁学

电、磁和光——三种近在身边的现象

古希腊人发现，每当他们摩擦一种名为琥珀的物体，就会有一些小东西被吸附在上面。这就是所谓的静电现象。

就像我们小的时候喜欢用塑料垫板摩擦头发表演"怒发冲冠"一样，古希腊人或许也用琥珀玩过这个把戏。这里要介绍的公式偶像们就是如此天真无邪，与我们近在咫尺。电加磁再加光，这三大要素编织成的多彩世界，就是电磁学的世界。

4
描述电荷在电磁场中的运动
洛伦兹力公式

公式

$$F = q(E + v \times B)^{①}$$

读法

F 等于 q 乘括号 E 加 v 叉乘 B 括号结束。

来试着抄写一下吧

$$F = q(E + v \times B)$$

它来了它来了，你熟悉的"弗莱明的左手"登场了！这个公式表示的是电荷量为 q 的粒子在电磁场中受到的力，也就是洛伦兹力。

———————

① 本式是电动力学中的洛伦兹力公式，与现行中学教材中的洛伦兹力公式有所不同。公式中加粗的字母表示矢量。

左手定则

这个公式表示的，是电荷量为 q 的粒子在电磁场中受到的力，即洛伦兹力。

电磁力可以分成两大类，一类是电场产生的力，另一类是磁场产生的力。它们在这个公式里，分别对应着第一项和第二项。这个公式简明扼要地说明了电磁力是什么。

就算你已经不记得"弗莱明的左手"是干什么用的，但是我相信很多人都记得自己上学时做过这个手势。我们用这个手势分析的，正是电荷的运动方向。

荷电粒子在电磁场中受到的力叫洛伦兹力，这个名字来自我在狭义相对论部分提到的洛伦兹。这个公式可以用来解释一种现象：给放置在电磁场中的金属棒通电，它就会自己滚动起来。金属棒究竟受到了什么样的力？这个公式会告诉你。

所谓电磁力，就是电荷或电流在电磁场中所受的力。

电荷量是物体携带的电量，用字母 q 表示，它的取值有正有负，计量单位是库仑。正电荷靠近正电荷时，两者会相互排斥；正电荷靠近负电荷时，两者会相互吸引。这个过程中产生的斥力和引力就是电场力，它对应着公式的第一项。公式的第二项则对应着磁力，也就是用左手定则判断出来的运动的电荷在磁场 B 中受到的力。v 是物体的速度，不同速度的物体受到的力也会不同。

电磁学中最重要的一个概念就是矢量。所谓矢量，就是带有方向的物理量。因此，方向在电磁学中也是十分重要的。

大学生通常会从大二开始学习电磁学，因为在大一的时候，他们必须先学习研究电磁学所需的数学方法，也就是矢量分析。这一部分我在这里暂且不谈。总之，电磁学里用到的电场 E、磁场 B 和速度 v 都是矢量。

不知道大家有没有听说过矢量的四则运算？

矢量之间的加法和减法没什么特别的，但乘法却有两种，除法则不存在。

这里我只对矢量的乘法进行介绍。当我们将矢量 A 和矢量 B 相乘，用一种方式会得出数字，用另一种方式则会得出矢量 C。前者叫求内积，后者叫求外积。

求内积的时候，我们需要在 A 和 B 的中间写一个点，即 "$A \cdot B$"。求外积的时候则与普通乘法一样，写成 "$A \times B$（$=C$）"。新的矢量 C 与 A 和 B 之间到底有着怎样的关系？为了表达出这种关系，英国物理学家弗莱明想到了左手的一个手势（图 3-5）。

伸出的三根手指分别代表着电、磁和力——左手中指指的是电流流向（正电荷以速度 v 移动的方向），食指指的是磁场 B 的方向，拇指是物体受到的力的方向。这个手势以矢量的形式呈现出公式的第二项。虽说乘号在乘法运算中经常被省略，但在计算矢量外积的时候，乘号是不能省略的，否则可能会引起歧义。

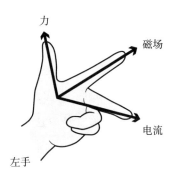

图 3-5　左手定则

某档偶像综艺节目里曾经出现过一道题：请对左手定则做出解释。一名少女偶像给出了一个驴唇不对马嘴的回答："凡事都有三个选择。"演播厅里顿时爆发出一阵哄笑。虽然并非出于本意，但她的这个回答却让我意识到了左手定则的本质。

左手定则为什么要用三根手指呢？这个问题的根本原因就在于我们的空间是三维的。也正是基于这个事实，矢量外积这个概念才会出现。总而言之，存在独立的三个方向对于左手定则来说是一个至关重要的条件。

那个少女偶像本来想说的应该不是这个意思，但不管怎么说，综艺节目有时候也能让人悟到真理。

　　如果像第一章那样，用运动方程和场方程这两个概念对公式进行分类，那么洛伦兹力公式应该属于运动方程，因为它描述的是荷电粒子在电磁场这个舞台上的运动。至于描述电磁场本身的场方程，则是我接下来要介绍的麦克斯韦方程组。

　　这个公式最大的魅力在于，它能表示出物体在电场和磁场中分别受到了什么样的力。$v \times B$ 这几个字符虽然写起来简单，但它其实蕴含了物体的受力方向。看这个公式，就像是在欣赏一幅光影分明的立体画。至于这位公式偶像的招牌动作，你应该已经猜到是什么了吧。

　　电磁学与我们的日常生活联系紧密。且不说以电脑为代表的电子设备，像静电、打雷、摩擦起电这些随处可见的现象全都与电磁学有关。人体也不例外——我们甚至可以把自己直接看作一个带电的物体。

　　电磁学是一个综合性的领域，其研究主体除了电场和磁场还有光。电场的应用主要与电相关，磁场的应用主要有录像带、核磁共振等等。此外，发电机和变压器的运作原理也和磁场有关。

　　从广义上讲，微波炉和手机等与光有关的应用也都属于电磁学领域。我们身边还有很多与电磁学相关的实际应用，比如你平时听的音乐、刷的视频、看的光盘等等，就连每晚照亮我们房间的灯，也与电磁学有着密不可分的联系。

随便看看身边的东西，然后想想它和电磁学有着怎样的联系，这或许会很有意思。当你想到电路中的电荷正在洛伦兹力的鞭策下任劳任怨地工作，应该会对这个公式的理解更加深刻吧。如此多才多艺的少女偶像，将来一定能大展宏图！

狭义相对论的奠基者——洛伦兹

正如我前面介绍的那样，洛伦兹为狭义相对论的构建创造了良好的条件。洛伦兹主要从事的是电磁学研究，他与麦克斯韦一起为电磁学的发展立下了汗马功劳，而提出洛伦兹力公式只是他的诸多成就之一。

由于成功解释了磁场对原子内的电子在跃迁时发出的辐射的影响，洛伦兹在1902年获得了诺贝尔奖[①]。随后，为了在不改变麦克斯韦方程组形态的前提下修正伽利略变换，他又提出了一套特殊的变换法则——洛伦兹变换。爱因斯坦就是依据这一变换公式构建了狭义相对论。

除了电磁学和相对论，洛伦兹也在流体力学、固体物理

① 确切地说，洛伦兹因为对塞曼效应进行了合理的理论解释，所以与塞曼分享了1902年的诺贝尔物理学奖。

学、热力学等领域进行过研究。所以希望你下次用左手做出那个手势的时候，不要只想起弗莱明，还要想到兢兢业业的洛伦兹。

最后我想对本书的"粉丝"朋友们说：

看，这是来自电磁场的力量！洛伦兹真的好伟大！

5
统一描述电磁现象
麦克斯韦方程组

公式

$$\nabla \cdot \boldsymbol{E} = \frac{\rho}{\varepsilon} \qquad \nabla \cdot \boldsymbol{B} = 0$$

$$\nabla \times \boldsymbol{E} = -\frac{\partial \boldsymbol{B}}{\partial t} \qquad c^2 \nabla \times \boldsymbol{B} = \frac{\partial \boldsymbol{E}}{\partial t} + \frac{\boldsymbol{j}}{\varepsilon}$$

读法

∇（nabla，那布拉）点乘 E 等于 ε（epsilon，艾普西隆）分之 ρ（rho，柔）；

∇（nabla，那布拉）点乘 B 等于零；

∇（nabla，那布拉）叉乘 E 等于负 partial B 比 partial t；

c 的平方 ∇（nabla，那布拉）叉乘 B 等于 partial E 比 partial t 加 ε（epsilon，艾普西隆）分之 j。

来试着抄写一下吧

$$\nabla \cdot \boldsymbol{E} = \frac{\rho}{\varepsilon} \qquad \nabla \cdot \boldsymbol{B} = 0$$

$$\nabla \times \boldsymbol{E} = -\frac{\partial \boldsymbol{B}}{\partial t} \qquad c^2 \nabla \times \boldsymbol{B} = \frac{\partial \boldsymbol{E}}{\partial t} + \frac{j}{\varepsilon}$$

能写出它来，你就是名副其实的电磁学大师了！

电磁学界的"偶像选拔赛"

在洛伦兹力部分，我们探讨了物体在磁场和电场中会受到怎样的力。而现在，我们要探讨的是电磁场本身是怎样生成的。

这个公式表示的是电场 E 和磁场 B 互相生成了彼此。简单来说，电场指的是电力能够作用的范围，磁场指的是磁力能够作用的范围。

人类对电磁学的研究有着悠久的历史。19 世纪时，这一领域里的定律已经多到数不过来。每一条定律都叫"**定律"，** 的部分是定律提出者的名字。就在这时，麦克斯韦潇洒地登上了舞台，对这些纷乱如麻的定律进行总结归纳 [①]，简明扼要地描述了电场和磁场的生成方式。

可以说，麦克斯韦方程组是电磁学研究中的一个重要里程碑。麦克斯韦就像是举办了一场电磁学界的偶像选拔赛，而名为"**定律"的少女们个个怀揣梦想，在海选赛场齐聚一堂。最终，大赛评委麦克斯韦挑选出四名少女，她们就

---

① 麦克斯韦并没有能够总结出这个方程组。我们目前所见到的这个方程组，是亥维赛（Heaviside）用矢量符号重新编排而成的。也因为如此，麦克斯韦方程组有时也被称为麦克斯韦 – 亥维赛方程组（Maxwell‐Heaviside equations）。

像是钻石原矿一样，从众多人选中脱颖而出。正如我们后来所见，这些公式最大的功劳，就是找到了引起万千电磁现象的"幕后黑手"。

一下子归纳出四个公式似乎有点违规，但其实，这四个公式是一个整体，可以统称为麦克斯韦方程组。你可能会觉得四个公式还是有点多，不过说实话，麦克斯韦能把先前那么多条定律总结到这种程度已经相当不容易了。下面，我们就来分别介绍一下这四个公式（图 3-6）。

1. 高斯定理

$$\nabla \cdot \boldsymbol{E} = \frac{\rho}{\varepsilon}$$

2. 磁高斯定理

$$\nabla \cdot \boldsymbol{B} = 0$$

3. 电磁感应定律

$$\nabla \times \boldsymbol{E} = -\frac{\partial \boldsymbol{B}}{\partial t}$$

4. 麦克斯韦-安培定律

$$c^2 \nabla \times \boldsymbol{B} = \frac{\partial \boldsymbol{E}}{\partial t} + \frac{\boldsymbol{j}}{\varepsilon}$$

图 3-6　麦克斯韦方程组中的四个公式

1. 高斯定理

这个公式的名字来源于即将在第四章登场的数学家高斯，而公式中的 ε 叫作介电常数。所谓高斯定理，简单来说就是"带电荷的物体周围会形成怎样的电场"。

2. 磁高斯定理

这个公式是前面那个公式的磁场版本，只不过这个公式等号右边为 0。这是因为正电荷和负电荷可以独立存在，但不存在只有某一极的磁场。正如我们在磁铁上看到的那样，磁铁总是一端为 N 极另一端为 S 极，不存在两端都是 N 极或 S 极的情况。这体现了磁场 B 的一个重要性质：不存在实体的磁荷。因此，这个公式的含义可以理解为"无法制造出只有 N 极或 S 极的磁场"。

3. 电磁感应定律

这个公式可以用来解释电磁感应现象，即磁铁棒靠近螺旋状线圈时，线圈里会产生电流。你在高中时一定做过这个实验。简而言之，这个公式描述的是"磁场随时间变化时会产生出怎样的电场"。

这个公式还用到了矢量的外积。希望你在读它的时候，可以感觉到"随时间变化的磁场（右边）产生了旋转的电场（左边）"。之所以说电场是"旋转的"，是因为"$\nabla \times$"的部分与空间旋转有关。电场的形状就这样被生动地描绘了出来。

4. 麦克斯韦 - 安培定律

麦克斯韦 - 安培定律和电磁感应定律相反，它描述的是

"电场随时间变化时会产生出怎样的磁场"。我们可以通过给金属棒通电,然后检测它周围的磁场来确认这个现象。

读这个公式时,我们会感觉"随时间变化的电流密度 j 和电场(右边)产生了旋转的磁场(左边)"。看到这里,你是不是觉得这个公式好像只是把上个公式中的电场和磁场进行了对调?磁场就像一个影子,在电子发生运动时会出现,一旦电子停止运动就会消失。这背后的原因和我之前提到的不存在实体的磁荷有关。

在这里,只要能理解到"磁场是电子运动的影子"这句话就够了。

以上就是对麦克斯韦方程组的简要介绍。它们描述的都是电场 E 和磁场 B 的变化,因此都是有关电磁场的场方程。

人类从古代就开始研究电磁场的性质,并提出了数量繁多的定律,而麦克斯韦则是对这些定律进行了筛选和提炼。这让我联想到了对新采摘的咖啡豆进行品鉴、精选和烘焙的咖啡师。这杯由麦克斯韦亲手调制的"咖啡",大家也一定要品尝一下。

如果在一定条件下对这四个公式进行整合,我们就会得到在第一章引力波部分提到的波动方程。只不过,引力波波动方程中的 $h_{\alpha\beta}$ 在这里被替换成了 E 或 B。除此之外,我们还会发现波动的速度等于光速,这也就意味着电磁场的本质就是光,而光也可以被称为电磁波。

虽说如此，麦克斯韦和洛伦兹当时还没有想到这一步，这个结论是人们后来才得出来的。如果他们当时想到了这一步，那么洛伦兹肯定也能想到自己提出的变换公式与光速有关。这样一来，提出相对论的或许就不是爱因斯坦而是洛伦兹了。

电磁现象的"幕后黑手"——光

麦克斯韦方程组的魅力就在于它将电磁学的漫长历史归结为四个公式。

除此之外，它还有一个更重要的意义，那就是道破了隐藏在电磁学更深处的真相。此前人们发现的无数电磁现象，都像是留在案发现场的证物，电磁学领域的物理学家都想通过它们推理出作案的真凶。现在麦克斯韦方程组告诉我们，从表面上看凶手好像是电场和磁场，但是这两者的背后其实还有一个真正的"幕后黑手"。

"坦白从宽，抗拒从严！我们已经拿到了你们团伙作案的证据，快把'幕后黑手'的名字说出来！"

审讯官重重地拍在审讯室的桌子上，想要借此给两名嫌疑犯——电场和磁场施压。但两人却丝毫不为所动，始终保持着沉默。由于严肃的审讯已经持续了很长时间，双方的脸上都露出了疲惫的神色。于是，审讯官决定做出一些改变。

"好啊，那不如这样。从现在起，先说出'幕后黑手'名字的人可以被无罪释放，剩下的那个人刑期加倍，怎么样？"

磁场默默地举起了手。

"其实，'幕后黑手'是光。"

就这样，磁场被释放出狱，而电场则被继续关在监狱里。

不管怎么说，现在我们终于知道，电磁现象的"幕后黑手"就是光。然而从表面上看，麦克斯韦方程组并没有提到光。这就是为什么我说光是隐藏在电磁学更深处的真相，因为它真的很像一个藏在暗处操控一切的"幕后黑手"！

准确地说，应该是以光为总指挥的"三人团伙"——光、电场和磁场造成了各种电磁现象，不过这一点是人们在20 世纪以后才认识到的。研究电磁学的过程就像是做解谜游戏，只有成功破译公式密码，才能发现电磁力是通过光子来传递的，从而了解到光的本质是电磁波。图 3-7 画出了电磁波的"真实面貌"。随着光子的前进，电场和磁场会在与光子前进方向垂直的方向上交替生成[①]，就像是连绵不绝的波浪一样。

---

① 这只是一种关于电磁场传播的形象化描述，并不意味着是光子"生成"了电场和磁场。

光子的移动生成了电场和磁场

麦克斯韦方程组：寻找造成各种电磁现象的"幕后黑手"

图 3-7 电磁场

从物理学发展的角度来看，电磁学不仅解释了与电和磁相关的现象，更为电磁辐射、几何光学等领域的发展奠定了基础。"幕后黑手"——光的故事从这里才刚刚开始。

紧接着，洛伦兹和爱因斯坦看出了这个公式描述的是光的本质，于是相对论很快诞生于世。拿"幕后黑手"的例子来说的话——

"什么，那个国家的案子也是你们干的？！"

光统领着一个庞大的"犯罪团伙"，在不同国家之间进行着"国际犯罪"。是爱因斯坦看透了光的真实面目，用相对论革新了人们的物理观。

与此同时，量子力学的发展让我们知道，光是由一种叫光子的基本粒子组成的。

"什么，你说你的真名叫光子？！"

光缓缓地把手放到脸上，摘下了橡胶面罩。而藏在面罩下的，是一副和《鲁邦三世》中的不二子一样美艳动人的面孔。电磁学和量子力学之间的故事即将由此展开。

如此想来，这个看上去很长的方程组其实就是通往光学、相对论和量子力学的道路。希望你们可以在欣赏这个方程组的同时，想到它为现代物理理论做出的贡献。

图 3-8 是将麦克斯韦方程组以相对论的形式呈现出来的样子，我们也可以把它称为四维的麦克斯韦方程组。准确地说，这个公式主要对麦克斯韦方程组中的第一个公式和第四个公式进行了总结，而总结后它有自动满足第二个公式和第三个公式的性质。因此，我们没有必要再把第二个公式和第三个公式单独列出来。可以说，这个公式从根本上把麦克斯韦方程组中的四个公式合为一体。

$$\partial_\mu F^{\mu\nu} = -\mu_0 j^\nu$$

图 3-8　四维的麦克斯韦方程组

公式中的 F 是一个四维张量（参见爱因斯坦方程）。由于它同时包含了电场 E 和磁场 B，因此也被称为电磁场张量。顺便一提，第二章开头的标准模型公式里，电磁学部分的 B 就是这里的 F。之所以用不同的字母表示，是因为当我们把一种力与其他三种力罗列在一起进行对比时，需要用字母 B 来代替 F 以示区分。但其实就个人而言，我一般用 W 表示 W 玻色子，G 表示胶子（Gluon），所以我也想用 P 表示光子（Photon）。

这个公式相当专业，使用时请务必表现得自信一点。

物理学界的"万事通"——麦克斯韦

英国物理学家麦克斯韦（图3-9）曾就读于英国北部的爱丁堡大学，后来又转入物理名家辈出的剑桥大学三一学院。

图3-9　麦克斯韦（由斯托达特绘）

我曾在牛顿运动方程部分提到过剑桥大学，麦克斯韦也是从那里走出的名人之一。我在剑桥大学的时候，还参观过他用过的桌子。虽然那只是个再普通不过的木桌，但我一想到它曾经被知名学者使用过，就会感觉它上面的每一道裂纹都充满了传奇色彩。

麦克斯韦的研究范围十分广泛。除了在电磁学领域有所建树，他在热力学领域提出的"麦克斯韦妖"和麦克斯韦-玻尔兹曼分布也都非常有名。此外，他还热衷于研究彩虹和土星环，其兴趣之广实在是令人惊叹。

虽然麦克斯韦是一位非常伟大的物理学家，但他却没有获得过诺贝尔奖。这是因为诺贝尔奖是在 1901 年首次颁发，而麦克斯韦早在 1879 年就已经过世了。

诺贝尔是在 1896 年去世的，可以说是和麦克斯韦生活在同一时代的人。如果诺贝尔奖设立得再早一些，那么麦克斯韦肯定会是头一位获奖者。顺便一提，第一个诺贝尔物理学奖颁给了发现 X 射线的伦琴，第二个诺贝尔物理学奖颁给了前面介绍过的洛伦兹和他的学生塞曼。

就个人而言，我觉得麦克斯韦看起来相当有风度。由于当时的时代背景，他留着大大的络腮胡子，就像是从漫画里走出的人物一样充满魅力。这位知识渊博的"咖啡师"经营的"麦克斯韦咖啡店"里聚集着许多常客，让我们也进去瞧瞧吧！

"彩虹就是……"

留着漂亮胡须的麦克斯韦正在一边递咖啡，一边随性地与女顾客闲聊。

"你知道土星环吗？"

这次，他又和别的顾客攀谈了起来。

店内笼罩着浓郁的咖啡香，店长麦克斯韦随手在餐巾上写起了公式。他那极富魅力的浪漫举止和温柔嗓音早已俘获了女顾客的芳心。突然，只听"啊"的一声，一位听得入迷的顾客不小心把咖啡洒到了地板上。然而店长麦克斯韦却丝毫不乱，十分绅士地将地面上的咖啡擦拭干净，然后说道：

"曾经有一个妖精……"

察觉到现场的紧张气氛有所缓和后，他继续慢悠悠地说道：

"如果是它的话，应该能让刚才洒出去的咖啡回到杯子里。它的名字叫'麦克斯韦妖'，你们听说过它吗？"

关于"麦克斯韦妖"，我会在第四章的熵增原理部分加以介绍。

现在，被伟大的麦克斯韦选中的四个公式才刚刚站到练习生的舞台上。麦克斯韦方程组是经典电磁学的一个里程碑，然而从这里到下一个里程碑还有很长的路要走。

下一个里程碑的名字叫作"相对论化"[①]，再下一个（也是最后一个）里程碑的名字叫作"量子化"。关于前者，我已经在前面的章节中进行过说明；而后者，我将在介绍下一个公式时为大家进行讲解。如果说麦克斯韦方程组是一个初出茅庐的少女偶像，那么"相对论化"和"量子化"就意味着她出演了电视剧和电影，成功踏上了成为影后的道路。所以现在，就让我们一起期待这位年轻偶像的成长吧！

与知识渊博的麦克斯韦一样，麦克斯韦方程组也能够解释许许多多的现象，它就像一座由电、磁、光这三根巨柱支

---

① 麦克斯韦方程组本身就是满足相对性原理的。作者此处的意思是在相对论的框架下更深入地理解它们。

撑起来的众神殿。如果把麦克斯韦方程组比喻成偶像的话，她就是一个既能兼顾偶像活动，又能考上名牌大学的天才少女。这样一个充满了知性美的少女偶像，肯定会被抢答类的节目邀请作为嘉宾吧！除此之外，人们还发现她的演技也十分出众，觉得她早晚有一天会在演艺圈大放异彩，成为真正的"量子化后的电磁学公式"。接下来我要介绍的就是这个过程。

最后我想对本书的"粉丝"朋友们说：

> 虽然有点长，但这可是麦克斯韦的"神奇魔咒"！
> 这位少女偶像曾经也是店长麦克斯韦的"粉丝"。

6
感受宗教与质数的神秘
精细结构常数

公式

$$\alpha = \frac{e^2}{4\pi\varepsilon\hbar c} \approx 1/137$$

读法

α（alpha，阿尔法）等于四π（pi，派）ε（epsilon，艾普西隆）$\hbar$（h拔）c分之e的平方。

来试着抄写一下吧

$$\alpha = \frac{e^2}{4\pi\varepsilon\hbar c} \approx 1/137$$

希望你能感受到电磁学里的"魔法数字"137 的神秘!

电磁力的"量子化"

1916 年，索末菲为解释氢原子光谱引入了这一常数，而氢原子光谱则与我在第二章中提到的"量子力学的敲门砖"——玻尔原子模型有关。也就是说，这个公式涉及的物理量都与核外电子有关。因此，这个公式也属于电磁学领域。然而在原子尺度下，电磁学也将发生"量子化"，所以，这个公式的出现在一定程度上推动了电磁力的"量子化进程"。

最后，完全实现"量子化"的电磁力成为第二章开头的标准模型公式的第一部分。这个部分的第二项在我们刚才提到麦克斯韦方程组中也出现过。

到此为止，前往现代物理学各个里程碑所需的材料终于备齐了。我们在第一章学到了描述万有引力的爱因斯坦方程，在第二章学到了描述强相互作用力和弱相互作用力的薛定谔方程，在第三章学到了推动电磁力"量子化"的这个公式。现在，大家总算可以在第二章开头的那座山峰上昂首挺立了！我们历尽千辛万苦才拼凑出的那块巨大拼图，就是标准模型公式。

等到能随手写出标准模型公式的那一天，你就能用"上帝的语言"进行日常对话了。所以，请你务必仔细端详那个集结了本书全部精华的伟大公式，并把它抄写或朗读出来。说不定上帝会突然出现在你的面前,对你说:"你会说我的语言?"

这个公式里的 α 叫作精细结构常数,它决定着电磁相互作用的强度。α 的数值是由光速 c 和基本电荷 e[①] 共同决定的,其近似值为 1/137。如果这个值再小一点点,原子中各个粒子之间的平衡就会被打破,原子也就无法维持现在的形态。我们也可以把电磁力视为单位 1,以此来比较其他几种力的大小。当电磁力大小为 1 时,强相互作用力的大小约为 10^2,弱相互作用力的大小约为 10^{-11},而万有引力大约只有 10^{-36} 这么小。可以说,α 是一个让世界保持平衡的常数。

质数 137 与神秘思想

这个公式的魅力,或许就在于那个作为近似值出现的数字——137。这是一个质数,而质数又是一种有着特殊分布方式的神秘存在。

最早察觉 137 这个质数背后藏着无限魅力的人,是物理学家泡利。他在量子力学领域提出的泡利不相容原理十分

---

① 一个电子所带的电荷量。

出名。

泡利的父亲是犹太人，而质数 137 正好与犹太教中奉行神秘主义的卡巴拉教有着很深的联系。

古代以色列人说的是古希伯来语，而现在的希伯来语是后人为了复兴以色列而重新构建的，因此有时也被称为现代希伯来语。不管是哪种希伯来语，都存在着字母与数字一一对应的现象。比如 א 和 ב 分别对应着数字 1 和 2，י 对应的是数字 10。20 和 30 对应的字母是 כ 和 ל，ק 对应着数字 100。在标准对应法中，最大的一个有字母对应的数字是 400，即 ת。

泡利似乎还和因研究梦而出名的荣格交情深厚，并且他也受到过许多不同领域学者的影响。肖勒姆是一位犹太哲学家，泡利也许就是从他那里听说卡巴拉教和质数 137 有着神秘联系的。

"卡巴拉"的希伯来语包含四个字母，这四个字母在希伯来语中对应的数字是 5、30、2 和 100，加在一起正好等于 137。事实如此，信不信就要看泡利自己了……

现在，人们已经证实精细结构常数的准确数值并不是 1/137，之前的那些神秘学说也就都没有了意义。但在当时，伟大的物理学家泡利似乎对那些神秘学说很感兴趣，甚至可能还研究过卡巴拉教与质数 137 之间的联系。这段故事还是挺有意思的。

由此可见，就算是科学家，也未必就不会听信神秘学说。能从那个数字上感受到怎样的魅力，很大程度上取决于每个人的主观想法。

然而，如果精细结构常数是个与137无关的更大的数字，我们就不会存在于世界上了。一想到这点，我就很难去笑话那些迷信神秘学说的人。

除了泡利，美国的诺贝尔物理学奖获得者费曼也迷恋过这个神奇的常数。据说，他曾经指着这个公式里的基本电荷 e 说："这是一个深刻而美丽的问题。"在他看来，这个常数就像是数学里的圆周率一样，诉说着这个世界的终极奥秘。费曼还凭借他超常的洞察力和想象力，为电磁学的"量子化"做出了一项杰出的贡献。他只用几个简单的符号，就把复杂难解的公式描绘成了一幅连孩子都能看懂的图画——费曼图。现在，人们在描述基本粒子间的相互作用时，依然需要用到费曼发明的这种图示法。他那惊为天人的洞察力让所有的物理学家都自愧不如。也正是这样一个人，对这个公式作出了"深刻而美丽"的评价。说不定精细结构常数里面，真的藏着什么我们尚未知晓的宇宙奥秘呢！

请大家在感受神秘力量的同时，再次浏览一遍这个公式。作为少女偶像，她肯定会去参加探索宇宙之类的综艺节目。

最后我想对本书的"粉丝"朋友们说：

> 不要嫌我太精细，人家可是在认认真真地为电磁学做贡献！

第四章

番外篇

几个物理学和数学中的重要公式

有些遗憾的是，为了便于总结，本章中的四个公式只能作为偶像团体的"非选拔组"成员。虽说是"非选拔组"成员，但她们的才能可丝毫不亚于"选拔组"成员。等到下次发布新歌的时候，她们没准就会被纳入"选拔组"了。

首先要介绍的熵增原理可谓是"主导整个宇宙的时间公式"。从某种意义上说，这是一个从更高层次阐述宇宙学概念的重要物理公式。后面介绍的三个公式则在物理学领域和数学领域都有着重要的意义。

1
能告诉我们"时间会不会倒流"的公式
熵增原理

公式

$$\mathrm{d}S \geq 0$$

读法

$\mathrm{d}S$ 大于等于 0。

来试着抄写一下吧

$$\mathrm{d}S \geq 0$$

> 这个"等于"里藏着人类未知的宇宙的最终状态!

熵会随着时间的流逝而增加

这是本书中最简洁的公式，也是物理学中能表示"时间单向流动"的公式。

如果用一个词来概括，这个公式可以被简称为熵增原理。S 表示的是熵，而至于熵到底是什么，恐怕我需要用一整本书来进行说明，因此在这里我就不过多介绍了。

这个公式属于物理学中的热力学领域，而该领域主要研究与热相关的现象。比如球体在滚动时，严格来讲会与地面发生摩擦，因而一定的能量会以热的形式释放出来。同样，弹簧在弹动时也会伴随着少量的放热。

换言之，目前为止力学里涉及的所有现象，在现实生活中其实都伴随着热现象的发生，而力学研究的只不过是理想状态下的情况。所以说，热力学几乎与我们身边所有的现象都有关联，是一个范围极广的领域。

18 世纪时，蒸汽火车和蒸汽船等工业应用让热力学研究有了用武之地，而这门学科也随着工业革命的进行逐渐发展起来。

接下来我来简单介绍一下热力学领域的重要定律。热力学第一定律与能量守恒有关，热力学第二定律就是熵增原理，而热力学第三定律则与绝对零度有关。虽然这些定律乍看之下都非常简单，但是当我们深挖其背后的含义时，就会发现它们其实比其他领域的定律都要深奥——这也正是热力学这个领域的特征。

在大学里初次接触热力学知识的时候，很多学生都会感到无聊，因为这个领域里的每一条结论都像是在对理所当然的事实进行琐碎冗长的说明。

我也是在做了教师以后，为给学生讲课重温热力学的知识，才终于体会到其深邃的真谛。所谓学习，大概就是需要像多次阅读一部小说那样，反复地咀嚼知识吧。

热力学的主要目标之一，就是要弄清楚什么是"热"。虽说直接给出答案会让我有种负罪感，但这里我还是要告诉大家，热的本质就是原子和分子等微观粒子的运动，而这种运动叫作热运动。

随着热力学的发展，人们的关注点逐渐由宏观物体转向了微观粒子的运动。

在研究微观粒子的运动时，我们需要用到统计力学的知识。不过这门学科似乎不太受学生们喜爱，我常在课上听学生抱怨说"完全搞不懂在算什么"。其实，统计力学就像一座桥梁，连接着我们的日常生活和基本粒子的微观世界。统计力学和我接下来要提到的高斯分布也有着密切联系。

让我们说回热力学第二定律，它描述的是熵这个量会随着时间的流逝逐渐增加。这条定律极其重要，甚至可以说是自然界的一条基本原理。热咖啡会变凉、牛奶倒入咖啡后会扩散、洒到地上的咖啡不会回到杯子里……这些现象的共通之处就在于不可逆性。

你是不是想起了第三章里那个留着漂亮胡子的"咖啡店店长"？我也因为用咖啡举了太多的例子，所以突然想喝咖啡了（笑）。

这个公式描述的事实已经远远超出了热力学范围——它是一个可以回答"时间为什么不可逆"这个问题的公式。"时间一定会向着未来前进，而不会回到过去"这句话虽然听起来理所应当，但能解释其背后原因的公式却不多。无论是我们的日常生活，还是整个宇宙，时间都是一种不可逆的存在。因此可以说，这个简单的公式包含了宇宙的真谛。

所谓的"麦克斯韦妖"就是假想中一只能让时间倒流的妖精。关于它的故事我在后面还会提到，现在先暂且放一放。总之，所有的现象都会遵循熵增原理一直发展下去，最终达到 $dS=0$，也就是熵值最大的状态。换句话说，这就是整个宇宙在遥远的未来会达到的最终状态。然而这到底是一种什么样的状态，我们目前还并不知晓。

发现"倒流的时间"

一个孤立系统中的熵越来越少，就意味着这个孤立系统里的时间在逆向流动。电影《信条》就十分直观地展现了一个时间倒流的世界，我觉得很有意思，大家有机会一定要去看一看。

当然，也有一些不那么科幻的事情。在量子力学的世界里，时不时地会出现一些运动轨迹反常的基本粒子。虽然目前我们对这些现象的研究还不太成熟，但实现时间旅行的方法很可能就在量子力学里。能带给我们一个不可思议的梦，这大概就是这个公式最大的魅力吧！

"覆水能收"——妖精的历史

现在，让我们来聊聊熵的发展史。

首先，在有关热机的研究中，一个名叫卡诺的法国物理学家提出了一个重要概念——卡诺循环。

即便是今天，我在课上讲解熵的概念时，依然会提到卡诺循环。因为这个过程能让我们推导出一个不断积累的物理量，也就是所谓的熵。在对卡诺循环进行分析以后，我们会发现永动机是不存在的，而这就是熵增原理的原型。令人惋惜的是，卡诺在36岁时就因为霍乱与世长辞了。

卡诺去世以后，一个名叫克劳修斯的德国学者决定继续对卡诺循环进行研究。在1865年的一篇论文中，他首次使

用字母 S 表示熵并将其量化。

熵（entropy）这个说法来源于希腊语中的"转化"（τροπή）一词。在热力学研究中，由于功和热之间的转化是不完全的，所以人们才给它起了这个名字。

虽然用字母 S 的真实意图只有克劳修斯本人才知道，但克劳修斯的确是凭着对先驱者的敬意，从卡诺手中接过了接力棒，将这场接力赛继续跑了下去。这段历史堪称一则佳话。

克劳修斯想要描述的是一种前所未有的物理量，因此他一定是经过了无数次的试错才得出了最后的结论。天才们就是这样，用公式把其他人看不到的东西展现出来。他们像是顶级的设计师，从事着无比浪漫的工作。

这场接力赛还在继续。

接下来玻尔兹曼推导出熵与系统状态数[①]之间的关系式。这条令他着迷的公式最后被刻在了他的墓碑上，成为他的墓志铭。

玻尔兹曼在热力学领域进行了广泛而深入的研究，并取得了许多重要的成果。紧接着，他将关注点从宏观世界转向了微观世界，并在统计力学方面做出了十分重要的贡献。

---

① 一个系统所有可能的状态的数量。

最后就是我们熟悉的那个留着大胡子的"咖啡店店长"——麦克斯韦。虽说这位"大明星"的出场费一定很高昂，但有他参与的话，接力赛的节目效果一定很好。

跑着跑着，麦克斯韦抛出了一个难题——"麦克斯韦妖"。

"话说，搞一场这么漫长的接力赛，到底有没有意义啊……"

这句抱怨让身为"赞助商"的热力学先生吓出了一身冷汗。

正在热力学先生不知所措的时候，接力赛突然从名叫热力学的跑道转移到了名叫统计力学的跑道上！没过多久，费米和普朗克就进入了赛道。最后，就连天才爱因斯坦也加入了这场接力。观众们一定会想问："爱因斯坦先生，除了抢答类节目，你到底还参加了多少节目啊？"

这场接力赛的最终目标，逐渐和第二章中的量子力学产生了联系。

"麦克斯韦妖"指的是一只能够破坏熵增原理的妖精，它的存在会让先前的理论成为悖论。为了解决这个问题，物理学家与那只假想中的妖精苦战了许多年，但直到 20 世纪结束也没有彻底将其降伏。

目前，有关时间倒流的研究还在进行中。这项研究关系到量子计算机的发展，以及对量子力学中时间的本质的研究。"麦克斯韦妖"至今还隐藏在熵增原理的深处。

最后我想对本书的"粉丝"朋友们说：

想要回到那个时候？哼，我可不允许！
这个公式就是弄洒那杯咖啡的罪魁祸首。

2
从偏差值到股价预测的数据分析之王
高斯分布

公式

$$\frac{1}{\sqrt{2\pi}\sigma} \exp\left[-\frac{(x-\mu)^2}{2\sigma^2}\right]$$

读法

　　根号二 π（pi，派）σ（sigma，西格马）分之一 e 的负二 σ（sigma，西格马）的平方分之括号 x 减 μ（mu，谬）括号结束的平方次方。

来试着抄写一下吧

$$\frac{1}{\sqrt{2\pi}\sigma} \exp\left[-\frac{(x-\mu)^2}{2\sigma^2}\right]$$

偏差值[①] 这个概念就藏在 σ 中！

---

① 偏差值指相对于平均值的偏差数值，是日本人对于学生智能、学力的一项计算公式值。

正态分布

这个公式叫作高斯分布，可以用来描述多个粒子的集体性特征。

由于它是统计学中一个非常重要的公式，所以人们还给它起了一个更加正式的名字——正态分布。

在之前那场有关热力学的接力赛中，我曾经提到过统计力学。虽然听起来有点像，但统计力学和统计学在研究对象上有着很大的区别。统计力学主要从微观的角度对气体、液体和固体等物质进行研究，而统计学的研究对象则是像人群这种更为日常的东西。统计学是一门在社会各界都能派上用场的学问，用现代一点的术语来介绍的话，我们可以说它是数据分析行业的基石。

简单来说，这个公式的含义就是一组数据是怎样分布在平均数 μ 周围的（图 4-1）。我们可以从图中看出，数据的分布呈现出一座小山的形状。这里借用偏差值这个概念来解释或许会更好理解一些。在一场考试中，得分接近平均分的人肯定是最多的，他们主要集中在"山峰"的位置。而越往"山脚"走人越少，只有个别成绩极差或极好的人会出现在这里。整座山的宽度由 σ 决定，σ 也叫作标准差。

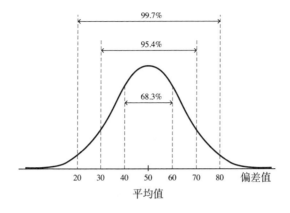

图 4-1　高斯分布

所谓偏差值，就是将平均值设为 50、标准差设为 10 时得到的一个判断标准。我们可以通过它，来判断取得某一分数的学生处于全体学生中的什么位置。

通常情况下，全体学生的得分会遵循高斯分布。偏差值 60 以上意味着该学生在全体学生中大约排名前 15.9%，偏差值 70 以上则意味着该学生在全体学生中大约排名前 2.3%。当然，我们也可以用这个方法对其他数据进行分析。数据量越大，其整体分布就会越接近高斯分布。虽说也存在一些符合特殊分布规律的情况，但高斯分布始终都是最基础、最普遍的分布规律。

在统计力学领域，高斯分布也是最常见的分布函数之一。气体分子的矢量速度分布遵循的就是这个规律，只不过在统计力学中，人们给气体分子的矢量速度分布起了一个新的名字——麦克斯韦 - 玻尔兹曼分布。名称的改变仿佛让我看到了接力赛中接力棒的传递，看来无论是气体，还是那些参加接力赛的运动员们，全都逃不出高斯的手掌心。

在数学、物理学和天文学上大有建树的天才

这个公式的魅力，在于它可以有效地对社会上的各种数据进行分析。

所谓社会，其实就是由很多人组成的集体。而统计学的最大目标，就是从各种集体产生的数据中提取出有用的信息。为了达成这个目标，最直接的做法就是将某组数据的分布与这个公式进行对照，然后用平均值和标准差来描述出这组数据的特征。高斯分布最擅长的就是这项工作，而高斯本人也十分痴迷于这个优美的公式。

公司客户的数据、收视率、市场调研、股价预测、商品营销策略等等，都可以通过这个公式进行处理和分析。如果高斯分布是一名偶像，认识她肯定是百利而无一害，很多招聘会应该都会邀请她来做嘉宾。

高斯（图 4-2）为后来的数学、物理学和天文学都带来了无比深远的影响，因此他的名字也留在了许多公式和符号的名称中。例如，与高斯分布相关的高斯积分，几何学中的

高斯曲率，电磁学中的高斯定理等等。

高斯取得的成就还有很多，可能我写上好几本书都写不完。如果根据每个人在一生中做出的功绩数量进行排名，我想高斯一定名列前茅。

现在，让我们来简要回顾一下高斯的一生。

图 4-2　高斯
（由威特曼拍摄）

1777 年出生在德国的高斯，从年少时期就开始展现出非凡的神童特质。

高斯在很小的时候就已经开始自发地进行算数了。他家的祖业是烧砖，父母都与做学问没有半点关系，可以说高斯就像是被数学之神送到家里的一个天才。

高斯年幼时做过一件很有名的事。他的数学老师在课上要求大家把 1 到 100 的所有数字加起来。为了解决这个问题，高斯自创了一个等差数列求和公式，然后很快就算出了答案。高斯的这个举动让老师觉得已经没有什么可以教他的了。的确，对于一个能自己构建数学理论的天才，老师还能教些什么呢？

长大后，高斯对质数产生了浓厚的兴趣，并致力于计算它们的分布规律。所谓质数，就是除 1 和它本身以外不再有其他正因数的自然数，比如 2、3、5、7 等等。100 以内的质数一共有 25 个，1000 以内的质数一共有 168 个。高斯对质数的分布规律做出了猜想，而直到许多年以后，他的猜想才终于被证明是正确的。

高斯曾经说过，在自己一生研究过的问题中，他最感兴趣的就是有关数论的部分。1801 年，他通过计算成功帮助天文学家找到了一度"跟丢"了的谷神星。高斯为天文学做出了伟大的贡献，然而他本人却说："再优美的天文学发现，带给我的愉悦也不及高等整数论。"

数论中的难题大多与质数相关，所以高斯其实在年轻的时候，就已经找到了自己的兴趣所在。

1796 年，高斯想出了正十七边形的作图方法①。这里说的作图，指的是不借助其他工具，只用没有刻度的直尺和圆规画图。

你可能会想：会作图又能怎样呢？但对于数学界来说，正十七边形的作图为整数论乃至复数的发展带来了重大转机。17 是一个很特殊的数字，它不仅是一个质数，还可以分解成 1^2+4^2 这种形式。

总之，高斯似乎对自己的这个想法很满意，甚至提出要

---

① 高斯其实是从原理上证明了可用尺规作出正十七边形，但没有给出具体的作图方法。

在自己的墓碑上刻一个正十七边形。接到这种要求的刻碑匠肯定会感到很困扰吧。

最后我想对本书的"粉丝"朋友们说：

看，我的分布曲线多么优美！

3
美到惊人的公式
欧拉恒等式

公式

$$e^{i\pi} + 1 = 0$$

读法

e 的 iπ（pi，派）次方加一等于零。

来试着抄写一下吧

$$e^{i\pi} + 1 = 0$$

数学界的最强公式，我们必须把它背下来！

自然界中最优美的公式

这是伟大的数学家欧拉提出的一个非常有名的恒等式，在数学的广袤领域中，它如同一颗璀璨的明珠，吸引着众多研究者的目光。

如果让研究数学的人挑选一个自己最喜欢的公式，恐怕大多数人都会选择这个公式。

之所以说这个公式优美，是因为它里面包含了数学中的五大常数，并且这些常数以非常简洁的形式结合在了一起。这五大常数分别是虚数单位 i、乘法单位元 1、加法单位元 0 以及超越数 ①e 和 π。

这个公式的原型叫作欧拉公式，写作 $e^{i\theta}=\cos\theta+i\sin\theta$。

欧拉公式非常有名，因此以东京大学为首的多所大学都喜欢将它列为数学考试中的重要考点。当 θ 等于 180 度（弧度制中的 π）时，欧拉公式就会转变为欧拉恒等式。欧拉公式将三角函数和指数函数完美地结合在了一起，而连接两者的桥梁竟然是虚数！

---

① 不能作为有理系数多项式方程的根的数，即不是代数数的数。

只用一只眼睛撰写论文的数学巨人

图 4-3　欧拉

　　欧拉（图 4-3）不仅是数学家，还是天文学家和物理学家。他的研究范围之广丝毫不亚于高斯。

　　欧拉在一生中为分析学、几何学、整数论等多个领域做出了大量贡献。晚年时他的右眼不幸失明[①]，却依然用口述笔录的方式坚持撰写论文，就像电视剧《神探伽利略》里那个凭空写公式的主人公一样。

　　贝多芬是一位失聪的"音乐巨人"，而欧拉则被称为数学界的"独眼巨人"。这个称呼听起来像是一个冷酷的海盗，真希望有朝一日德普能够扮演他。

　　欧拉在数学史上留下了辉煌的功绩。在他去世 100 多年后，他的著作合集开始出版发行。然而直到今天，这部合集还没有发行完毕。

　　即使是现在，人们还是能从欧拉的论文中获得新的

[①]　其实欧拉不到 30 岁右眼就近乎失明了，而在晚年他原本正常的左眼受到白内障困扰也近乎失明。

发现。欧拉之于数学，就像是金字塔之于考古学一样意义非凡。

欧拉也进行过万有引力理论的研究。他在力学上的研究是对经典力学的继承，也为后人对分析力学的研究起到了启示作用。

如果说麦克斯韦是电磁学界的"咖啡店店长"，那么欧拉就是力学界的"咖啡店店长"。他的店名应该叫"海盗欧拉咖啡店"，没准还能掀起一波戴眼罩服务的风潮。

第一章中提到的拉格朗日量这个概念，还有用数学解开运动方程的优雅手段，都属于欧拉为物理学做出的贡献。此外，欧拉提出的分析方法也是今天人们处理流体力学问题时必需的工具。

在数学方面，欧拉还提出了非常有名的欧拉定理。这个定理是指对于简单多面体，其各维对象总满足"顶点数 − 边数 + 面数 = 2"这个数学关系。

除了正多面体，像足球表面图案里那样复杂的多面体也符合这个规律。我们生活中觉得平平无奇的多面体，在欧拉看来却总有什么地方闪烁着规律的光芒。如果他有一家咖啡店的话，一定会用各种各样的多面体来做装饰，这就是"海盗欧拉咖啡店"的特色！

最后我想对本书的"粉丝"朋友们说：

> 先眨眨眼，然后用一只眼睛看看周围。这就是欧拉眼中的世界！

4
明明在做加法，却得出了负数
无穷级数公式

公式

$$1+2+3+\cdots\cdots=-\frac{1}{12}$$

读法

一加二加三加……等于负十二分之一。

来试着抄写一下吧

$$1+2+3+\cdots\cdots=-\frac{1}{12}$$

一直加一直加，加到无限大，怎么总
和却是个负数？一起来见证无穷级数公式
的魔力吧！

可用于计算卡西米尔效应

像这样按照一定的规律，把无限个数字加在一起的公式，叫作无穷级数公式。

我在前面介绍过高斯"从 1 加到 100"的故事，那个问题的答案是 5050。在这个问题的基础之上，如果我们将数字继续往上加，从 1 一直加到 1000，那么最后的总和就会变成 500 500。当然，如果我们继续往上加，得到的总和肯定只会越来越大。当加到无穷大的时候，总和也会是无穷大。

然而，这个问题真正的答案其实是 $-1/12$[①]。你一定会觉得这很不可思议。相加的每一个数字都是正数，怎么最后的总和却是个负数呢？

配合上到位的表演，序章里那个"在餐巾上写公式"的伎俩或许真的能帮你搭讪成功！这个公式就像有魔力一样，绝对能吸引到别人的注意。

这个公式与现代数学中的黎曼 ζ 函数有关。如果用这种函数来表示，上面的公式可以写作 $ζ(-1) = -1/12$。只不过，这种写法可能无法传递出那种不可思议的感觉。

黎曼 ζ 函数里的"黎曼"，就是第一章那个提出黎曼几

[①] 发散级数实际上不存在确定数值的和，这个答案只是用于解释某些物理领域中的特殊情况，不能被视为普适的数学结论。

何并对爱因斯坦产生了影响的黎曼。黎曼ζ函数不仅与质数的乘积有密切联系，还与悬赏了百万美金但至今未得到证明的黎曼猜想有关。它是基础数学中最重要的课题，现在很多学者都在从事相关研究。黎曼就像一位在弯曲时空里俯视众生的考官，等待着检验人类的智慧。

无穷级数公式的应用已经远远超越了数学的范畴，它甚至可以用于计算卡西米尔效应——真空中两片平行的中性金属板之间存在引力作用。公式里等号后面的负号意味着力是引力而非斥力，这种引力与真空中的能量一样，与宇宙论中的暗能量和宇宙学常数密切相关。

这个公式很可能决定着我们宇宙的根基，因此它远不止是搭讪伎俩那么简单。

不会"证明"的数学家——拉马努金

历史上，欧拉很早就提出了有关无穷级数公式的设想。看来海盗对宝藏的嗅觉果然很灵敏，没准"海盗欧拉咖啡店"里的餐巾上就写着这个公式呢！

此后，黎曼推导出黎曼ζ函数。这一函数犹如一盏明灯，为后来的探索者照亮了道路。不过这次受到启发的不是爱因斯坦，而是一个叫拉马努金（图4-4）的印度数学家，

图 4-4　拉马努金

他提出的拉马努金求和法成功向世人解释了无限个正数相加时总和会在半途减少的原因。无穷级数公式的内涵十分深奥，如果大家对这个公式感兴趣，可以去查阅一些相关资料。

其实，我把拉马努金放在最后介绍给大家是有原因的——他可能是人类历史上最神乎其神的天才。

拉马努金是通过观察和直觉获得的这个公式。虽然这不太像是科普书里会出现的说法，但事实就是如此，我也不能妄加篡改。

如果想要了解更多有关拉马努金的传奇事迹，我推荐大家去看电影《知无涯者》。这个电影讲述了他是如何将写满公式的笔记本送到英国剑桥大学的。

从某种程度上说，拉马努金并不懂得什么是严谨的数学证明。通常来讲，数学家只有展示过证明过程之后，才算是提出了一个有意义的公式，但拉马努金的情况却完全不同。你可能会觉得这个说法很离谱，但拉马努金确实就是这样一位天才。

　　一般情况下，那些看似胡编乱造的公式是不会有人信以为真的。然而命运就是如此神奇，剑桥大学的数学教授哈代一眼便看出写出这些公式的人非同小可。

　　后来，拉马努金被邀请到了剑桥大学，与哈代教授一起研究这些公式的证明方法。不幸的是，身为严格素食主义者的拉马努金在 1920 年就英年早逝了。如果拉马努金也能像高斯和欧拉那样长寿，他肯定能提出更多就连物理学家都无法想到的"超级公式"。

　　假如外星观察者想要从地球上挑选一个人类带走研究，我认为他们不会挑爱因斯坦，而是会挑拉马努金，因为后者的天才程度已经远远超越了前者。好了，有关拉马努金的事情就介绍到这里吧！说不定他现在正在某颗拥有高等文明的星球上，施展他那惊人的才华。

最后我想对本书的"粉丝"朋友们说：

神秘的东西不需要证明，只要懂得欣赏就足够了！

后记

怎么样，现在你多少能够感受到一点公式的魅力了吧。

在那些与公式有关的故事里，你看到研究者们可爱的一面了吗？就个人而言，通过本书的写作，我对他们的迷恋和崇拜又增加了许多。

爱因斯坦究竟参与了多少个故事？带着这个问题再把本书通读一遍或许也乐趣十足。

除了爱因斯坦，我们还认识了女人缘极佳的薛定谔和沉默寡言的狄拉克，以及我在序章部分用"搭讪"埋下过伏笔的"咖啡店店长"麦克斯韦。他后来还在接力赛中大显身手，一定很辛苦吧。

最后，研究者们携手上演了一场"盛大的谢幕"。我想为他们献上热烈的掌声。

读了本书以后，如果你对公式和宇宙的兴趣能够有所提高，那么我将感到十分欣慰。就算有些细节看不太懂也没关系，只要大家在读的时候能有自己的想法就可以了。当然，我也希望能有更多的人找到自己一生推崇的公式。

这本书其实是一本介绍宇宙的入门级图书。然而如果用常见的方式去介绍宇宙，就会显得和市面上的其他科普书没什么区别。因此我按照自己的想法，把公式放在里面，然后再通过讲解公式来介绍宇宙。

虽然我也担心有些部分讲解起来会比较晦涩难懂，而且公式太多可能还会让读者产生抵触心理，但我最后还是写出了这样一本书。

我最初想把公式设计成一些男性形象，以此来彰显他们的"帅气"。但在和编辑商量过后，我决定还是用更受大众欢迎的少女偶像的设定。感谢本书的编辑岩堀先生对我的启发。顺便一提，这位编辑老师最喜欢的少女偶像是麦克斯韦方程组。

如果说上帝创造并掌管着这个宇宙，那么公式就是对宇宙中的森罗万象最精确的描述，我们甚至可以称它为"上帝的语言"。人类就算拥有再多的智慧，可能也无法把所有的公式以一种完美的形式进行统一。正如本书中出现的公式，虽然它们可以有效描述各种各样的现象，但每一条公式能够描述的，最多也只是自然现象的一部分而已。

科学家们都在追求绝对的真理，并尽其所能用人类的语言将它们提炼出来，最后得到的智慧结晶就是公式。

仅用一个公式来解释自然界的森罗万象，天才们的这项伟绩闪烁着智慧的光芒。对于那些努力用世人能够看懂的字符翻译"上帝的语言"的科学家们，我表示由衷的敬意。

其实，为了能更好地展现出公式偶像的魅力，我最近还关注了乃木坂 46[①]。出乎我意料的是，这个偶像团体中的每一个成员真的都能和本书中的公式对应起来！比如有像万有引力一样作为"古典势力"长期存在的成员，有像黑洞一样全能又沉稳的成员，还有像量子力学一样古灵精怪的成员……

我以前并不了解少女偶像，所以一开始完全分不清这个团体里面谁是谁。后来我通过观看访谈和综艺节目，才逐渐了解她们每个人的个性。从某种角度来说，这就和各位读者了解公式的过程差不多。一开始，大家只是看到了 24 个由不同字符组成的公式。接着通过阅读解析，每一个公式的特色逐渐在大家心中明晰了起来。现在再看一眼麦克斯韦方程组，你会不会想到"咖啡店店长"的大胡子以及咖啡的醇香？看到身边的手机，你是不是想到了薛定谔方程？我也是在尝试成为少女偶像"粉丝"的过程中，逐渐学会了如何去展现每一个公式的特色和魅力。

为了能让公式和登场人物都展现出特色，我绞尽脑汁地设计了"最后一句话评论"，希望能把他们的魅力总结进一句话里。至于总结得好不好，就要由大家来评判了。

_____

① 日本索尼音乐娱乐旗下的大型女子偶像组合，成立于 2011 年。

现在，如果你能为本书中的 24 个公式编排一个喜欢的队形，然后作为"粉丝"观看她们的表演，我这个偶像经纪人就再开心不过了。本书中没有提及的公式也拥有着各自的故事。当你注意到身边的某个现象时，如果能主动去查一查它背后的原理，然后把相关的公式讲述出来，你就算是从公式偶像的"路人粉"成功转型为"真爱粉"了。

最后，我想向本书的编辑岩堀先生、为本书绘制插图的各位老师以及乃木坂 46 的少女们致以诚挚的感谢！

高水裕一